心灵说，"幕墙要设计成绿色。"
理智说，"幕墙要设计得实用有效。"
智慧说，"幕墙要设计得经济省钱。"

CENTRIA FORMAWALL™ 绝缘金属组合幕墙

如今，在世界任何地方都可获得这一自然与经济现实达到完美结合的幕墙。
请访问最新网站 **www.CENTRIAgreenworld.com**，详细了解 CENTRIA Worldwide 所提供的各种建筑解决方案。
让我们携起手来，共同营建一个更清洁、更健康、更节约的世界！

CENTRIA
WORLDWIDE

中国：**+86.21.5831.2718**　　迪拜：**+971.4.339.5110**　　新加坡：**+65.6.2276.838**　　北美：**1.800.752.0549**

U.S.Department of Energy
Energy Efficiency and Renewable Energy

美国能源部
能源效率与可再生能源局

美国能源部能源效率与可再生能源局的宗旨是通过公私合伙的运作，加强美国的能源安全、环境质量与经济活力，其主要目标是：

- 增强能源效率与生产率
- 为市场提供清洁、可靠、价廉的能源技术
- 通过提高能源选择与生活素质而改善美国人的日常生活

U.S. Department of Energy
Energy Efficiency and Renewable Energy Office

The mission of the U.S. Department of Energy's Office of Energy Efficiency and Renewable Energy is to strengthen America's energy security, environmental quality, and economic vitality in public-private partnerships that:

- Enhance energy efficiency and productivity;
- Bring clean, reliable and affordable energy technologies to the marketplace; and
- Make a difference in the everyday lives of Americans by enhancing their energy choices and their quality of life.

与了解更多信息，请登陆官方网站 http://www.eere.energy.gov/，
或联系我们：

U.S. Department of Energy
1000 Independence Ave., SW
Washington, DC 20585
1-800-dial-DOE
Fax: 202-586-4403

ARCHITECTURAL
RECORD

EDITOR IN CHIEF	Robert Ivy, FAIA, *rivy@mcgraw-hill.com*
MANAGING EDITOR	Beth Broome, *elisabeth_broome@mcgraw-hill.com*
DEPUTY EDITORS	Clifford Pearson, *pearsonc@mcgraw-hill.com*
	Suzanne Stephens, *suzanne_stephens@mcgraw-hill.com*
	Charles Linn, FAIA, Profession and Industry, *linnc@mcgraw-hill.com*
SENIOR EDITORS	Joann Gonchar, AIA, *joann_gonchar@mcgraw-hill.com*
	Jane F. Kolleeny, *jane_kolleeny@mcgraw-hill.com*
PRODUCTS EDITOR	Rita Catinella Orrell, *rita_catinella@mcgraw-hill.com*
NEWS EDITOR	Jenna McKnight, *jenna_mcknight@mcgraw-hill.com*
DEPUTY ART DIRECTOR	Kristofer E. Rabasca, *kris_rabasca@mcgraw-hill.com*
ASSOCIATE ART DIRECTOR	Encarnita Rivera, *encarnita_rivera@mcgraw-hill.com*
PRODUCTION MANAGER	Juan Ramos, *juan_ramos@mcgraw-hill.com*
WEB DESIGN	Susannah Shepherd, *susannah_shepherd@mcgraw-hill.com*
WEB PRODUCTION	Laurie Meisel, *laurie_meisel@mcgraw-hill.com*
EDITORIAL SUPPORT	Linda Ransey, *linda_ransey@mcgraw-hill.com*
ILLUSTRATOR	I-Ni Chen
CONTRIBUTING EDITORS	Raul Barreneche, Robert Campbell, FAIA, Andrea Oppenheimer Dean, David Dillon, Lisa Findley, Blair Kamin, Nancy Levinson, Thomas Mellins, Robert Murray, Sheri Olson, FAIA, Nancy B. Solomon, AIA, Michael Sorkin, Michael Speaks, Ingrid Spencer
SPECIAL INTERNATIONAL CORRESPONDENT	Naomi R. Pollock, AIA
INTINTERNATIONAL CORRESPONDENTS	David Cohn, Claire Downey, Tracy Metz
GROUP PUBLISHER	James H. McGraw IV, *jay_mcgraw@mcgraw-hill.com*
VP, ASSOCIATE PUBLISHER	Laura Viscusi, *laura_viscusi@mcgraw-hill.com*
VP, GROUP EDITORIAL DIRECTOR	Robert Ivy, FAIA, *rivy@mcgraw-hill.com*
DIRECTOR, CIRCULATION	Maurice Persiani, *maurice_persiani@mcgraw-hill.com*
	Brian McGann, *brian_mcgann@mcgraw-hill.com*
DIRECTOR, MULTIMEDIA DESIGN & PRODUCTION	Susan Valentini, *susan_valentini@mcgraw-hill.com*
DIRECTOR, FINANCE	Ike Chong, *ike_chong@mcgraw-hill.com*
PRESIDENT, MCGRAW-HILL CONSTRUCTION	Norbert W. Young Jr., FAIA

Editorial Offices: 212/904-2594. Editorial fax: 212/904-4256. E-mail: rivy@mcgraw-hill.com. Two Penn Plaza, New York, N.Y. 10121-2298. web site: www.architecturalrecord.com. Subscriber Service: 877/876-8093 (U.S. only). 609/426-7046 (outside the U.S.). Subscriber fax: 609/426-7087. E-mail: p64ords@mcgraw-hill.com. AIA members must contact the AIA for address changes on their subscriptions. 800/242-3837. E-mail: members@aia.org. INQUIRIES AND SUBMISSIONS: Letters, Robert Ivy; Practice, Charles Linn; Books, Clifford Pearson; Record Houses and Interiors, Jane Kolleeny; Products, Rita Catinella Orrell; Lighting, Linda Lentz; Web Editorial, William Hanley

McGraw_Hill
CONSTRUCTION

The McGraw·Hill Companies

建筑实录 年鉴 VOL .2/2008

主编 EDITORS IN CHIEF
Robert Ivy, FAIA, *rivy@mcgraw-hill.com*
赵晨 *zhaochen@cabp.com.cn*

编辑 EDITORS
Clifford A. Pearson, *pearsonc@mcgraw-hill.com*
张建 *zhangj@cabp.com.cn*
率琦 *shuaiqi@cabp.com.cn*

新闻编辑 NEWS EDITOR
Jenna McKnight, *jenna_mcknight@mcgraw-hill.com*

撰稿人 CONTRIBUTORS
Daniel Elsea, Andrew Yang, Jen Lin-Liu, Alex Pasternack,

美术编辑 DESIGN AND PRODUCTION
Kristofer E. Rabasca, *kris_rabasca@mcgraw-hill.com*
Encarnita Rivera, *encarnita_rivera@mcgraw-hill.com*
Juan Ramos, *juan_ramos@mcgraw-hill.com*
冯彝诤
杨勇 *yangyongcad@126.com*

特约顾问 SPECIAL CONSULTANTS
支文军 *ta_zwj@163.com*
王伯扬

特约编辑 CONTRIBUTING EDITOR
戴春 *springdai@gmail.com*

翻译 TRANSLATORS
孙　田 *tian.sun@gmail.com*
姚彦彬 *yybice@hotmail.com*
凌　琳 *nilgnil@gmail.com*
徐迪颜 *diyanxu@yahoo.com*
茹　雷 *ru_lei@yahoo.com*

中文制作 PRODUCTION, CHINA EDITION
同济大学《时代建筑》杂志工作室 *timearchi@163.com*

中文版合作出版人 ASSOCIATE PUBLISHER, CHINA EDITION
Minda Xu, *minda_xu@mcgraw-hill.com*
张惠珍 *zhz@cabp.com.cn*

市场拓展 MANAGER, BUSINESS DEVELOPMENT
文　军 *vincent_wen@mcgraw-hill.com*
白玉美 *bym@cabp.com.cn*

广告制作经理 MANAGER, ADVERTISING PRODUCTION
Stephen R. Weiss, *stephen_weiss@mcgraw-hill.com*

印刷/制作 MANUFACTURING/PRODUCTION
Michael Vincent, *michael_vincent@mcgraw-hill.com*
Kathleen Lavelle, *kathleen_lavelle@mcgraw-hill.com*
Roja Mirzadeh, *roja_mirzadeh@mcgraw-hill.com*
王雁宾 *wyb@cabp.com.cn*

著作权合同登记图字：01-2008-1801号

图书在版编目（CIP）数据
建筑实录年鉴. 2008.02 /《建筑实录年鉴》编委会编.
北京：中国建筑工业出版社，2008
ISBN 978-7-112-10246-4
Ⅰ.建… Ⅱ.建… Ⅲ.建筑实录—世界—2008—年鉴 Ⅳ.TU-881.1
中国版本图书馆CIP数据核字（2008）第113476号

建筑实录年鉴VOL.2/2008

中国建筑工业出版社出版、发行（北京西郊百万庄）
各地新华书店、建筑书店经销
上海当纳利印刷有限公司印刷
开本：880×1230毫米 1/16　印张：4¾字数：200千字
2008年8月第一版　2008年8月第一次印刷
定价：**29.00元**
ISBN 978-7-112-10246-4
（17049）

版权所有 翻印必究
如有印装质量问题，可寄本社退换
（邮政编码 100037）
本社网址：http://www.cabp.com.cn
网上书店：http://www.china-building.com.cn

开利, 不仅仅是空调专家

更是环境学家

开利将多重空气处理技术应用于"鸟巢"国家体育场, 以环境学家的眼光
为奥运提供绿色支持。不仅将微生物污染控制技术应用于空气处理机组,
同时采用可消除异味并大幅减少微尘和细菌的高电压静电除尘装置, 使室内
空气除菌净化率达到99.96%。高品质清新空气始终相伴奥运, 精彩竞技表
现更有保障。

❋ 近70%北京奥运空调合同选择开利绿色解决方案。

开利中国

www.carrier.com.cn

上海 (021)2306 3000   北京 (010)6583 2008   广州 (020)3820 1818   苏州 (0512)6288 8120   武汉 (027)8551 0493   重庆 (023)6382 4732   西安 (029)8762 0258

ARCHITECTURAL RECORD

VOL. 2/2008

封面：赫尔佐格和德梅隆设计的国家体育馆
摄影：Iwan Baan
右图：保罗·安德鲁设计的国家大剧院
摄影：Andy Ryan

architecturalrecord.com

1.福斯特事务所设计的北京国际机场，摄影：**Tim Griffith** 2.PTW 事务所、中建国际、中国建筑工程总公司和奥雅纳设计的国家游泳中心，摄影：**Iwan Baan.**

Life with Emerson =

持久、清洁能源

在艾默生，我们相信能源就是生命。所以，我们不断创新，为暖通空调及制冷行业开发节能清洁的技术。我们行业领先的涡旋压缩机，使用环保制冷剂，被越来越多的家庭、商店和办公场所所应用。和我们一起为商业、生活和未来一代创造更优环境。

EMERSON
Climate Technologies

EMERSON. CONSIDER IT SOLVED.

新闻 News

朱锫建筑师事务所掷下一块河石作为岳敏君美术馆

当四川地震使得中国西部大片地区成为废墟之后，在当地却有一些著名的建筑工程开始建设起来，其中包括北京朱锫建筑事务所设计的岳敏君私人美术馆。岳敏君是一位当代艺术家，以展示开口大笑的人物形象而闻名。美术馆坐落于四川青城山脚下，毗邻石门江，面积1000m²，是用来展览诸如张晓刚、王广义等当代中国艺术家个人作品的10个美术馆之一。整个工程由中央美术学院吕澎教授发起，并受到都江堰当地政府的支持。除了朱锫建筑事务所的建筑外，还包括刘家琨等其他中国建筑师设计的建筑。

岳敏君美术馆形似一个巨大的椭圆体——它唤起了对江中河石的回忆，事务所负责人之一朱锫说："建筑的形式来源于我从江中拣起的一块河石。所有的设计都基于天然的石头，这使得河水、青山和自然之间产生了紧密的联系。"建筑包含了展览空间和一小间艺术家工作室，在未来式的结构外表上镀以高抛光的锌材料，这是一种软质的金属，朱锫认为它对周围自然环境将会产生出温和的影响。"通常，建筑师会使用当地的材料和本土的语汇，"最近刚刚完成了奥运会运转中心——数字北京项目的朱锫说，"但是由于我们有着完全不同的理解和工作方法，所以我们认为需要创造一种既未来又自然的东西。"

岳敏君美术馆项目将是都江堰10个中国艺术家个人专用美术馆之一

场地准备工作早在今年初就已开始，预计工程完工时间在2008年末或2009年初。尽管所有工作都在紧张进行，但设计师却希望美术馆推迟3个月开馆。朱锫说："开发商确实想要提前完成这个工程，但我们认为延长工期将会对社会和城市都有利。"

(By Andrew Yang　姚彦彬 译
戴春 校)

富克萨斯建筑师事务所赢得深圳机场竞标

430万m²占地面积的机场将成为中国第四大机场

作为中国航空业大型航站楼的又一次建设，深圳机场集团选择了由建筑师Massimiliano和Doriana Fuksas经营的罗马富克萨斯建筑事务所（Fuksas Architects）来设计深圳宝安国际机场T3航站楼。

在新建航站楼如雨后春笋般蓬勃建设的这一年里，北京启用了由诺曼·福斯特设计的大型T3航站楼，上海启用了由华东建筑设计研究院设计的浦东国际机场T2航站楼，富克萨斯的加入将会使得深圳机场成为中国的第四大机场（毋庸置疑，深圳已经成为中国第四大城市）。该工程预计将于2015年完成第一期建设，于2035年全部完工。面积达40万m²的航站楼每年将会运送4000万乘客。相比而言，福斯特的北京T3航站楼在100万m²的面积内每年只能运送5000万乘客。

富克萨斯的设计遵循了机场的总体规划，将大型的登机口设置在建筑一边伸出的羽翼状屋顶下。这部分在平面上看上去像一个交叉十字，它包括了所有的进出港。"我们希望在机场内部营造出高品质的生活条件，"富克萨斯说，"当你从城市来到航站楼，站在离港大厅里，你会发现它看起来就像是一条巨大的鱼。在办理过登机手续后，建筑会变形，让你感到那条鱼又变成了鸟。"大小不等的透光孔使建筑形成网眼般的表皮，将自然光引入建筑，从而减少了对电气照明的依赖。而且建筑的双层表皮不仅在中间能够隐藏机械设备，而且有利于调节温度，从而减少能源耗费。

虽然目前中国在建的40多个机场中的大多数都已经被大型建筑设计公司承揽，但深圳机场集团为此次的设计竞标却广开言路，吸引了各种不同的建筑设计公司，包括外国建筑事务所（Foreign Office Architects）、Reiser + Umemoto建筑师事务所、德国冯格康玛戈及合作者建筑师事务所（GMP－von Gerkan Marg and Partner）、福斯特建筑师事务所（Foster & Partners）以及在去年10月去世的日本建筑师黑川纪章（Kisho Kurokawa）。

竞标开始于2007年中，由不同的评委进行评审，最终导致对获胜者意见的不一致。据相关人士所言，来自美国SOM设计所的国际评审主席Anthony Vacchione选择了Reiser + Umemoto建筑事务所，而其他人则选择了富克萨斯。委托人方面也同样做出了不同的选择，深圳规划局支持Reiser + Umemoto建筑事务所的大跨度混凝土设计，而深圳机场集团则偏重于富克萨斯的钢结构体系。

(By Andrew Yang　姚彦彬 译
戴春 校)

摄影：© COURTESY FUKSAS ARCHITECTS

点评 Critique

向北京胡同及上海里弄学习
Learning from the hutong of Beijing and the lilong of Shanghai

By Michael Sorkin 孙彦青 译 戴春 校

"我的确喜欢宏伟（I do like the grandiose）。"

毛泽东，1958年

我经常到中国，但阴差阳错，最近几个月前才去了北京。与中国许多其他城市一样，北京的尺度令人生畏地巨大，放任生长。但与其他城市的不同之处是她采用了矩形直角的纪念性壮观布局，拥有宽阔的林荫大道和间隔空旷的建筑，散发着浓厚的帝王气氛。

北京这个城市作为一个整体，其原型是著名的紫禁城；马可波罗曾将她描绘为世界上最精致最完备的宫殿群（"世人不可能设计出超越她的东西"），一个令人吃惊的王权的纪念碑。中央集权的朝廷热衷于在所有场所和尺度上循环往复地使用自己喜欢的形式；北京城的宫殿区就是这种融合控制与象征的例子。正如凡尔赛宫在奥斯曼改建的巴黎中的地位那样，紫禁城不仅是历史上的而且也是现代北京的象征。并且，紫禁城自身就被设计成递回式（recursively）的，一种对上天几何空间的大地式表述。

这个城市为即将到来的奥运盛会制定实施着的令人吃惊的建造

《建筑实录》特约编辑Michael Sorkin 是纽约市立大学城市设计专业系主任，并主持迈克尔·索金事务所。

计划，显然是这种态度的延伸。无所不在的巨大尺度、难以置信的程度、对人力的动员、对象征主义的坚守，以及对规划的集中掌控，所有这些都表明它是一个宣言性的工程，同时也是都市和建筑的。这个城市利用所有机会来突显自己的重要性，从巨大的机场到无尽的环路；利用种植的成千上万棵新树来宣传绿色奥运主题，减轻空气污染，并且以（经典默片）《波坦金战舰》的拼贴、蒙太奇方式遮蔽着公路外的其他无序。

出自外国建筑师之手的众多令人惊奇的奥运建筑同样具有强有力的象征意义。众所周知，几千年来中国一直在抵抗着外族入侵的影响。这个国家的现代化历史进程特别以反殖民、反侵略，以及反抗帝国主义强权和思想为特征，甚至包括现在已经消失的对资本主义意识

不同尺度的墙、院以及巷道界定着紫禁城的生活区（上图）以及普通的胡同（左图）

形态的抵抗。事实上，中国正以极快的方式沿着那条中国特色道路前进着，她使用着的基础设施反映了我们在上世纪五六十年代高水准资本主义消费时的建筑态度。小汽车及其应用被人们热情地推崇，由此产生了快速路蔓延、污染，以及由它衍生的诸如与外界隔离的郊外高尚住宅区和无尽的通勤出行等问题。

基于这种都市主义的北京当代MOMA（斯蒂文·霍尔设计的互连综合建筑群Linked Hybrid）很大程度上就是全球化发展的一个片断，并且与其他地方一样，这种接合产生的形式呈现出别样的怪诞、引人、恐怖而又熟悉。对于一个内部沉浸于争辩是否要向外部世界开放的文化来说，传统与全球化的冲突非常激烈。在这场争论中一个启示

性的事件毫无疑问就是自2000年以来一直在紫禁城中营业的星巴克咖啡连锁店的关闭。它缘起于有50万签名的抗议"冒犯中国尊严"的请愿活动。但是如何才能合理地划定底线呢？

中国在本土与外来影响问题上一直在挣扎。如果说她现在的发展模式强烈地受到从洛杉矶到迪拜那种跨国大都市形态的影响，毛泽东时代则受到前苏联的重工业和大批量住宅以及斯大林巨大尺度模式的支配，还有（在文化大革命中最激进地表现出来的）要清除腐朽、等级、王权的愿望驱使。但是，在本土与外来构想之间的冲撞还导致了19世纪的一种建筑形态的产生，结合了这种影响的快乐与焦虑，它曾被成千上万地建造，并且对城市生活的问题提出卓有价值的解决方法。她提出了一种重要的调和战

Aedas

"EVOLUTION" – An Aedas Exhibition
"演变" –– 凯达建筑展

从少年到青年，从青年到壮年。凯达（Aedas）进入中国大陆六年来经历了一系列重要"演变"。

全球第四大建筑事务所，凯达（Aedas）将于2008年10月16日-30日在充满艺术与时尚气息的上海"8号桥"邀您共赏其"演变"的轨迹与历程。

For the last six years, Aedas operation in Mainland China has evolved to it's full maturity.

As a leading international enterprise, the fourth largest architectural firm in the world, Aedas wants to share with you this tremendous "EVOLUTION" and invites you to participate in our exhibition which will be held at The Bridge 8, from 16th to 30th of October, in Shanghai.

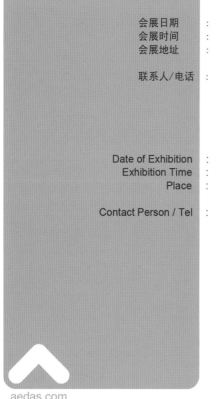

会展日期　　　：　10月16日-30日
会展时间　　　：　早上11：00 – 晚上 7：00（10月16日除外）
会展地址　　　：　上海"8号桥"
　　　　　　　　　（上海市卢湾区建国中路25号）
联系人/电话　：　上海（SH）-Vicky, Huang / 021-61379200
　　　　　　　　　e-mail: vicky.huang@aedas.com
　　　　　　　　　北京（BJ）-Christina,Wang / 010-65862020
　　　　　　　　　e-mail: christina.wang@aedas.com

Date of Exhibition　：　16th -30th October
Exhibition Time　：　11:00am – 7:00pm. excluding 16th October
Place　：　The Bridge 8, SH
　　　　　　（No.25 Jian Guo Zhong Road, Luwan District, Shanghai)
Contact Person / Tel　：　(SH)-Vicky, Huang / 021-61379200
　　　　　　　　e-mail: vicky.huang@aedas.com
　　　　　　　　(BJ)-Christina, Wang / 010-65862020
　　　　　　　　e-mail: christina.wang@aedas.com

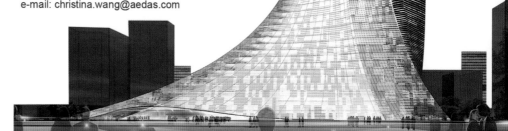

Aedas
aedas.com

略，使得大与小能够相容，而那正是后现代环境中最令人伤脑筋的问题。

造访紫禁城，我被她那令人叹服的精美宏大以及界定公共与私密空间差别的方法所打动。在内朝的帝王寝区，似乎特别令人吃惊地小巧，营造了乡村生活的亲切尺度，环绕一小庭院的一组小房间与附近的官员会面的宏大空间形成了戏剧性的对比。在这里，这种复杂的结构还是与身体相关的，很容易想象那种起居的怪诞：太监恭候在龙床外准备唤醒皇帝上朝，旁边是侍嫔捧着点燃的焚香。我谈论的是（这种环境中）行为举止的压力。

中国人长久以来天才性地创造了自己的本土建筑。对北京胡同的探访，证实了中国人历史成就的独特与辉煌；在这种快速消失的庭院住宅邻里中，小的巷道和商铺点缀其间，是在迅速丧失公共领域特质的城市中具有多样性和亲切尺度的避难所。这样的地方对塑造着当今城市的现代主义者的建造方法提供了另外一种视野，在城市营造剧目中提供了一种不可替代的元素，它要求不仅仅是保护，而且要发展。

如果说北京胡同代表着一种纯粹的中国城市表述（尽管与亚洲乃至其他地区的庭院建筑有姻亲关系），上海弄堂（或曰里弄，我最近带领学生去考察过的武汉也有类似的生活场所）则代表着一种混合的建筑，是对以前遭遇的外来输入模式的成功自然发展。这种住区发端自鸦片战争的结果，上海作为条约开埠港口被迫开放给外国人，形成租界（长江中游的武汉则是另一个）。在1845年，中国政府公布了租界法，界定了这些外国圈地的地点和法律性质。在条款中，明确规定外国人不能将租界中的住房租给华人，因为中国人被禁止在租界居住。

10年后，在这个城市中爆发了起义，大批的华人开始到外国租界中寻求安全，这导致了租界一方单方面地修改了土地法，摒弃了不允许华人入内居住的条列。结果产生巨大的地产业繁荣，先前从鸦片和其他商品贸易中获利的很多公司（包括传奇性的沙逊，渣甸与马地臣的怡和洋行，以及英国的仁记洋行）都将生意中心转为地产，不仅出租已有的房产，还在租界四周紧邻处的势力影响范围内兴建新的房产。

这些新住区的建筑迅速发展为里弄类型，一种2层的沿着直线型窄巷道排列的联排住宅。最初，这类住宅保持着传统的庭院建筑的布局，通过压缩并变型来适应界墙的条件、规矩的几何形态，以及城市狭小用地的限制。然而她却保留了一种小的入口庭院以及从公共到私密的序列感受，通过私有的大门而进入一个宁静的内部世界，加上建造的传统方式、材料以及风格，因而是典型的杂交体。

随着这个建筑类型的进一步发展，这些新建筑的外观亦在不断变换着。小巧的前院让位于前厅或

者开敞、半围合的花园，为适应小型、一代家庭。平面布局被加以调整，内部房间则根据更"现代"的功能概念布局。住宅增长到3层或设计成公寓类型。并且，开始增加了西方建筑的装饰和形态学的元素。到20世纪40年代，这类住宅已经样式繁多，如西班牙式、都铎式、现代式等其他样式被大量建造，这个城市中3/4的人口居住在某一类型的里弄中。

胡同是兼有商业和工业的地方，而非单纯的居住区

每个都是大千世界

然而，让这种建筑杰出的原因与其说是个性特征，不如说是其在城市中运作的方式。典型的情况是，当你从一条干道经由过街楼大门来到一所里弄（一个弄堂邻里），然后向左或向右就拐入一条主弄。从这条入口轴线上，一系列小的横向支弄平行排列；在整个或部分街区形成半自足的邻里结构，有时还与附近的开发地块结合在一起。弄巷几乎是完全步行的，并且经常支持着一系列的零售和其他商业活动，甚至包括办公及小型的制造业。每个这样的地方都是一个小的大千世界，容纳着日常生活的必要活动，并且通过使居民在巷弄里被动性"遭遇"而强有力地形成社区感。尽管密集地排布，这种建筑的低层尺度以及前后临巷的布局仍然解决了自

然通风与采光问题。

当然，里弄建筑的质量良莠不齐，很多为穷人将就建造的房屋的确糟糕，没有足够的卫生设施，质量低劣，也没有公共领域，尤其没有绿化空间，但是这个类型却是杰出的。尽管它是围合领域，但却不是令人却步的高墙深院社区。在城市的疯狂喧嚣中，它们是相对宁静的岛屿。并且在众多现代都市的异化面前，它们营造了一种可以把握的尺度以及非常理性的开发增长模式，有助于营造许多现代的高层建筑（另一种模式）很少能够达到的社区交往。

尽管北京胡同与上海里弄的建筑类型不同，但是它们天才的组织方式是类似的。低层、紧凑、亲切、多样，可以通过步行把握，是美妙的邻里。事实上，她们是如此的独特、怡人，并且越来越稀缺，因为很多正在享受或遭受着（不同的）更新的命运。在我最近的一次北京游访中，陪同一位中国友人去看房，希望在这些较好的胡同中能够找到一处满意的住所，但是其价格不逊于纽约曼哈顿的水平。市场可能是无情的，但毫不愚蠢。

对这些紧凑肌理社区消失的悲叹已经成为一种陈词滥调，对中国人来说，拯救这些濒危场所的问题也不再陌生。但是错误可能在于仅仅将问题简化为一种保护模式，将这类建筑视为不可重复的历史状况。既然我们都正面临着一种需求——要大胆地创造更合适的城市可持续模式，在全世界范围内恢复社区的形态学基础，我们应从中国的里弄与胡同建筑中学习很多东西。

关注并设法诠释中国的繁荣

Looking at the boom in China

《混凝土之龙：中国的城市革命及对世界的意义》，Thomas J. Campanella著。纽约：普林斯顿建筑出版社，2008年，336页，35美元

正如大部分描述现代中国的书籍一样，托马斯·坎帕内拉（Thomas J·Campanella）的《混凝土之龙：中国的城市革命及对世界的意义》开篇以超现实主义的统计数据为主。书中描写了1990~2004年间上海所建的办公空间相当于334座帝国大厦，中国建造业的工人数相当于加利福尼亚州的居民数，每天有超过1000辆汽车加入到北京马路的行列中。

该书之所以与众不同，是因为坎帕内拉把今天中国所发生的巨变和诸如芝加哥等城市早期的发展相比较，并指出中国长期处于谨慎规划和积极变化的张力中。

在关于上海的章节中，坎帕内拉研究了陆家嘴商贸区148ft宽的人行道和高耸摩天楼上的观景区，并追溯到1919年中华民国的建立者孙中山制定的"大浦东"计划，这个计划的目标和定位（如果不考虑细节的话）就已经展示了一个很像陆家嘴的中心。至于北京，在准备2008奥运会时所作的拆迁和"更新"可以追溯到毛泽东推平式改建时期。

坎帕内拉作为一位城市规划教授，在过去15年间花了大量时间研究中国，所以并没有对中国新的景观感到震惊。而且他也并非仅仅关注高楼和公共工程。书中有一章介绍了中国的城郊，在那里的建筑常被冠以罗马式和纳帕溪谷（Napa Valley）之名。他同时还关注大量建造的主题公园和高尔夫球场，甚至包括有51个网球场和30万ft²会所的乡村俱乐部。

坎帕内拉很会写作，在组织细节的时候条理明晰，善于表达自己的批评：KPF事务所（Kohn Pedersen Fox）设计的101层高的环球金融中心，将会成为上海的新标志，但它"类似一个巨大的瓶启子"。至于陆家嘴，他总结说"和一堆插入天空的纪念碑无多大差别"。

在该书的结尾，坎帕内拉试图给出一个结论：变化的速度和规模导致"我们所熟知城市的大规模革新"。他警告说，"总结正在进行中的革命是一件愚蠢的事情。"也许吧。但是该书帮助读者抓住了中国变化的尺度，让我们想知道世界会变得怎么样。

（By John King 姚彦彬 译 戴春 校）

《中国梦：建造中的社会》，**Neville Mars和Adrian Hornsby**著。鹿特丹：010出版社，2008年，784页，60美元

在约翰·伯格（John Berger）名为《影像的阅读》（About Looking）一书中，他阐述了当雷击一棵树的时候，该景观会成为眼睛的惟一焦点，而事件发生的背景却被忽略掉了。西方对于中国城市发展的分析也是类似：极大地关注那些爆炸的树，而中国本身却消失了。

与之相反，《中国梦》一书把中国作为浓缩现代性的本体。该书是荷兰建筑智囊团动态城市基金会（Dynamic City Foundation）的产物，该基金会由内维尔·马尔斯（Neville Mars）领导。本书配有大量插图，它界定了一个内在的自相矛盾的系统，这个系统结合了作者所谓的"当前激进的易变性（radical mutability of the present）"和"未来导向化的社会（future-oriented society）"。其研究基于如下追问：中国的城市正在被想像成什么模样？建筑如何协调居住性城市空间的创造性？从某种意义上来说，《中国梦》一书可以被解读为建筑宣言，它重新定位了被推向边缘化的建筑力量。书中揭露了建筑如此迎合易变的发展政策和狂热的市场，以批判现在中国城市承载的重重压力。

不同于一般思维，作者认为"中国梦"并非要与西方相似，而是要抓住中国特有的机会。因此该书或许更适合被纳入通过审视中国来重新定位西方传统的范畴，它开始拷问建筑化语境是如何将中国建造成西式进程的苍白映射。

无可否认，以图片讲述故事的形式通常会是一种对中国空间巨变带欺骗性的死亡化人类学观点。但是该书作者的研究抓住了隐匿于变化背后的张力与差别。总之，该书认为中国对城市的想像过程很有可能变为现实——而不仅仅是梦想。

（By Guy Horton 姚彦彬 译 戴春 校）

《中国，中国……西方建筑师和规划师在中国》，刘欣 著，德国奥斯特菲尔登：Hatje Cantz Verlag出版社，2008年，112页，30美元

进入激荡的中国市场的西方建筑师和规划师首先应该考虑阅读这本专著。作者刘欣在德国和中国的建筑公司都有工作经历，所以他对跨文化的交流有着明晰而深刻的理解。不同于大多数对西方人提供亚洲工作咨询的书籍，该书作者尽量避免程式化的套路，代之以极大

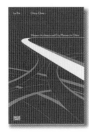

的耐心和开放性，着墨于探寻不为人熟悉的中国式专业性实践。从中国的饮食礼节到东西方透视画的不同，书中充塞以大量有益的建议。《中国，中国……西方建筑师和规划师在中国》一书图片丰富、条理清晰，是希望在世界最大建造地区取得成功的西方人不可多得的指南。(By Norman Weinstein 姚彦彬译 戴春校)

《北京大冲击》，Hiromasa Shirai和André Schmidt著
东京：鹿岛出版会，2007年，305页，53美元

北京的隆隆声在整个世界都能听到。不仅是建筑出版物，连其他出版物和报纸都争相报道中国首都的快速城市化。它还是诸如电影、研讨会、展览、教学课程和其他城市语境形式的主题。

在这本彩纸印刷的新书中，曾在鹿特丹和北京工作的大都会建筑事务所（OMA）建筑师Shirai和Schmidt把这本图片丰富的书分为几个简明的章节（分别以英文和日文）：建造（construction）、破坏（demolition）、商业（commerce）、休闲（leisure）和奥林匹克运动会（Olympics）。该书还有库哈斯（Rem Koolhaas）非常简短的评论。作者希望"编织我们自己的北京传说……抓住新和旧的共存"。

他们对新和旧的比较不时在书中重复出现，对北京发展的亲切简介能掩盖任何瑕疵。

该书的重头戏是图片，它们告诉我们北京正在经历一个非常的转变时期。如果你是一个还未去过北京的建筑师，可以在该书中快速感受到这一点。例如，仅在书的1/4部分时，作者就已经列出了32张不同（非常典型的）中国建筑立面的近距离照片。其他部分则展示了公园、自行车和城市标语等图片，这些都帮助揭示了城市的内在运转方式。

北京激进的变化通常具有争议，该书对其进行了最大可能的视觉观察，具有大量便于浏览的照片，是一本快速读物，同时它还能提高我们对于北京不和谐之音的注意。(By Jennifer Richter 姚彦彬 译 戴春校)

《瞬息亚洲：来自巨变中大洲的建筑推动快速发展》 Joseph Grima 著。米兰：Skira出版社，2008年，260页，43美元

5年前，当建筑师说起"后批判性"的语境时，通常意味着一种思想状况，一种理论本身被束之高阁，实践者会在当代生活的巨涌中跌得头破血流的理论化空间。今天后批判性又有了新的注解：瞬息的亚洲进入了跃进时代，它是建筑蓬勃发展的温室。

中国就是发展的"美国西部（Wild West）"这一观点在美国很流行，该书作者约瑟夫·格里玛（Joseph Grima）同样也这样认为，他是纽约建筑和艺术界面展览（Storefront for Art and Architecture）的策划人。从一个国家到另一个国家，从一个城市到另一个城市，他采访了超过22名中国、韩国和日本建筑师来谈论他们1或2个已实现的方案。据格里玛自己所讲，他的书就是"宝丽来"，一种关于运动场景和狂乱步调的动态照片，这种步

调和他所谓的亚洲的"速度，复杂性和活力"相匹配。

当然，新亚洲并没有出现创新性作品。MAD的红螺湖会所确实类似扎哈·哈迪德风格（Hadid-ish），它从哈迪德的办公室演化而来。北京标准营造（Stand ardarchitecture）的武汉中法艺术中心在黑暗中可能被误认为赫尔佐格和德梅隆（Herzog and de Meuron）的巴塞罗那公共广场。格里玛是正确的，没必要确定一种所谓的"亚洲美学"。显而易见，西方的设计理念、城市主义和功能规划都很容易地在似乎是激进资本主义原始阶段的亚洲生根。

但是即使这里只有极少数真正意义上的创新设计者——比如艾未未，他的作品庭院104~105就使得该书封面无法用正式的（formal）或政治的（political）情况来描述这个建筑时刻。也许他们的作品已经揭示了一种批判的冲动，只是在等

待亚洲的批判性像现在建筑一样繁荣的时刻。瞬息的亚洲是对这种行为的公告，它将在2008年北京奥运会的时候到来。

（By Ian Volner 姚彦彬 译 戴春校）

《超越巴瓦：热带现代主义作品》，David Robson著。纽约：Thames 与 Hudson出版社，2008年，264 页，80美元

杰弗里·巴瓦（Geoffrey Bawa）（1919~2003年）是斯里兰卡最重要的现代主义建筑师，也是印度、新加坡和印尼等"亚洲季风区"非常有影响力的设计师。在这本图片丰

富、研究巴瓦及其跟随者的书中，作者大卫·罗宾逊（David Robson）（也是《杰弗里·巴瓦作品全集》一书的作者）给出了延续巴瓦逻辑的令人信服的案例。

巴瓦在中年时期受教于伦敦AA建筑学院（Architectural Association），约翰·萨默森（John Summerson）、彼得·史密森（Peter Smithson）和麦克斯韦·法瑞（Maxwell Fry）都是他的老师，肯尼思·弗兰姆普敦（Kenneth Frampton）和丹尼斯·斯科特-布朗（Denise Scott-Brown）都是其同学。但他的现代主义根植于祖国锡兰（现斯里兰卡）的传统和赤道气候，锡兰受印度、葡萄牙、荷兰和英国影响，综合了佛教、印度教、伊斯兰教和基督教文化。巴瓦的"当代乡土（contemporary vernacular）"作品被公认为是受惠于当地传统的现代主义杰作。

巴瓦的布道者们现在在南亚次大陆区东部设计了更优秀的新建筑。例如澳大利亚的彼得·马勒（Peter Muller），从宾夕法尼亚大学来到巴厘岛，师从在巴厘岛、新加坡和斯里兰卡都工作过的同胞凯利·希尔（Kerry Hill）。还有一位埃内斯托·贝德马尔（Ernesto Bedmar）是阿根廷人，已经在新加坡工作了20年。书中24位建筑师的住宅、旅馆和公寓楼对美国人来说并不熟悉，却难掩这些热带现代主义作品的敏锐和优美。

总之，对于使成长中的亚洲深受其害的浮肿西方摩天楼病症，杰弗里·巴瓦及其跟随者的作品是有效而适度的一剂良方。（By William Morgan 姚彦彬译 戴春校）

北京绿屏
A Green Screen for Beijing

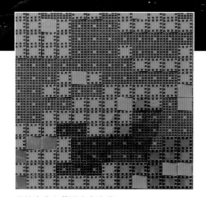

建筑表皮在黄昏中点亮萤
火。太阳能板不规则地分
布在GreenPix的表面（下
图），能够在白天平衡日
照和阴影

By Sebastian Howard 凌琳 译 戴春 校

建筑师Simone Giostra谈论他的新作GreenPix时说："一方面它有非常先进的科技，另一方面是和科技同样重要的诗意。"该项目的另一个名字是"零能耗多媒体幕墙"，内为北京西翠娱乐中心，有一座spa、一个迷你高尔夫球场及其他设施。来自纽约的Giostra设计的立面既是窗扇（玻璃幕墙），也是显示屏（集合了2400盏LED）。巨大的体量使人远远就能望到，炫动地氤染着迅速变化的地景。

建筑师表示，与两家德国光电企业Schüco和Sunways共同研发的这个项目是碳中性的。白天收集的太阳能可以在夜间释放能量，点亮巨幅缤纷色彩。奥雅纳担任工程设计，将合成晶体板置入幕墙结构。

零能耗多媒体幕墙的设计明显受到一些先例的启发，诸如吉姆·坎贝尔（Jim Campbell）的大型LED装置以及现实：联合（realities:united）的格拉茨美术馆等。不过建筑师称自己的灵感还来自19世纪的点彩画和格哈特·李赫特（Gerhard Richter）波光粼粼的海面。GreenPix和修拉的油画一样，分辨率很低，仅2400LED像素，相比之下电脑显示器的分辨率是它的500倍。和李赫特的作品一样，多媒体墙会随着光与风而改变其面貌。

GreenPix对环境的变化、访客与艺术家的行为都能作出回应。显示屏由高度灵活的、有三种显示

模式的计算机程序控制。目前显示屏播放的是两种模式，预先设置好的视频艺术家作品，以及"简易互动"：由红外线摄像机把人的运动转换成抽象的图样。将来，该系统还能根据压敏玻璃板输入的数据生成复杂的图像。幕墙能随着风速、风向的变化创造出流变、互动的图形。开发中的方案允许访客在屏幕上播放自己的电影和信息——这在YouTube时代无疑将大受欢迎。

"基于LED和所使用的软件，建筑立面能够在动态范围内实时回应外界的变化。"Giostra补充道。零能耗多媒体幕墙"可以响应非常局部的外界条件，其立面能够感知来自左上角和右下角风压的差别"。这个庞大而魔幻的荧屏在每一刻都是独一无二的。建筑物用这种方式融入环境；其为智能建筑。

最后，这个项目姿态鲜明地肯定了可再生能源在环境问题上饱受责难的中国的潜力。Giostra说："这个建筑不完全是出于效能的考虑，我们很高兴在创新和效能之间找到结合点。"比环境永续更有意义的是，"建筑师不再只是硬件生产者，他们还是软件和内容的提供者。我们为建筑师的职业角色提出了新的可能。"

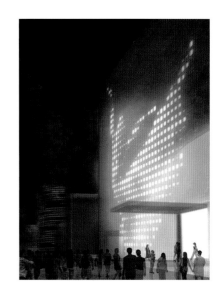

以下两篇文章中，《建筑实录》的两位编辑见证
了北京城的飞速变化，试图分析其眼下的繁荣，
并思考它的未来。

超速　BEIJING AT
北京　WARP SPEED

By Robert Ivy, FAIA 凌琳 译 戴春 校

世上可有一个地方，改变得如此剧烈、如此快速？在这速生时代，只需按动按钮，新的城市就会冉冉升起：迪拜从阿拉伯海湾边的沙土横空出世，如同一幅数字幻境，高塔建造在空空如也的平地（或流沙）之上，等候尚未到来的国际投资移民。北京则不然，它是一场再造，21世纪新中国的首都从密集的街坊和老龄化的基础设施中破茧而出，复苏的心脏以超过1700万的脉搏跳动。

北京这座大都市历来是战略要地，它伸展在997km²的高原上，西北有山丘庇护。历史上它曾经被叫做"南京"（颇有些费解）、"中都"（金代，1115~1234年）、"汗八里"或"大都"（忽必烈汗和蒙古王朝统治时期，或称元朝，1271~1368年）和北京。城市建造在中轴线上，四周城墙环绕，紫禁城稳坐中央，自明朝（1368~1633年）以来北京建立了它独特的格局。

在进步的名义下，共产党人在20世纪五六十年代推倒了明代的城墙，在城墙遗址上修筑的二环路留下了关于它的记忆。二环之后增建的一条同心环路（一环）围绕着过去的市中心。三环连接高速公路，毗连经济开发区，包括建设中的中心商务区CBD。今天，随着这座政治文化之都蔓延到了六环，它逐渐变成一架迟缓的机器，小汽车在其中徐徐循环，然后驶上城市拥塞的街道。

从地图上看，城市的秩序显得相当清晰。宽阔的长安街从东西方向穿过天安门广场，经过中国银行和国际邮政总局38km后，被一条假想的直线一切为二，这条线南起天坛，经过故宫，北至奥林匹克场馆。然而（穿行在城市中）你很快就失去了方向感。空中的烟尘遮蔽了直射阳光，环形公路使人迷失方向。除非是常客，一般游人若不走进北京城市规划展览馆，永远都无法把握城市的格局。直到凝视展馆内巨大的城市沙盘，你终于恍然大悟：原来我的旅馆在这里！

不仅如此，你将对这座城市保持深

2007年，北京中心城区人口1743万，另有城市人口849.5万，平均每平方英里居住2687人。

1990年，北京中心城区人口1080万。

深的敬畏。沿着主要的街道行进，经过一座又一座巨大的玻璃幕墙建筑，高度和尺度的序列会将你震慑，在心中化为黄钟大吕之声。巨大的尺度——建筑、街道、公共领域和私人场所（想想那些大而无当的酒店大堂吧）——主宰着现场体验和视觉领域。秩序俨然的阵列让人免不了把北京和沙皇的圣彼得堡、施佩尔的柏林、帝国时代的罗马作比，然而这些类比都不够准确。从来没有一个地方的权力和巨型建筑集中得如此彻底。

北京有两处工地（其一已经完成、其一尚在施工）恰如其分地揭示了这座城市的变化步伐。对于10年前乘坐飞机到达北京的人来说，抵达机场意味着一场恼人的争抢，嘈杂汹涌的人流进进出出，狭小的（作为国际机场而言）1号航站楼勉强完成使命。相形之下，今天的客人顺着新开放的T3航站楼流畅的边界鱼贯而出。由福斯特和奥雅纳（Arup）共同设计的这座航站楼是全世界最大的建筑之一。从下客口能直接到达行李提取区。不像过去，再也没有人抱怨。

离开机场，进入巨变的城市。曾经挤满自行车的路边停车位如今添加了绿化和步行通道。两三年前种下的树苗已经长大，掩映着工业区和高层住宅。遍布城市的起重机像巨大的长颈鹿，在树梢上方旋转轰鸣。在斥资数亿元的建设狂潮中，吊起一座高过一座的新一代摩天楼。屋顶上国际品牌的广告，就像船只航行在浓雾的夜空。

弥漫的无处不在的夜晚的空气仿佛可以触摸，像一股离奇的力量笼罩着这座城市。烟尘一半来自火力发电厂，一半来自其他工业废气（包括工地上扬起的尘埃），使城市大多数日子都是灰蒙蒙的，对人的健康造成了损害。根据世界健康组织的报告，北京空气的尘埃指数有时达到该组织安全标准的5倍之多。火上浇油的是，大风还会带来蒙古国沙漠上含有二氧化硅的呛人尘埃，当地人叫做"沙尘暴"。然而高楼还在鳞次栉比地建起。

如果高层建筑和主路旁的开放空间相交替，如果邻里关系不像香港或深圳那样摩肩继踵，那么北京的街区密度会接近曼哈顿的水准。坐落于朝阳区天安门广场东侧的中央商务区见证了近年来最主要的高层建筑和大型建筑的兴建。来自荷兰的OMA设计的伟岸的CCTV新总部和SOM设计的中国国际贸易中心，加

城市地图

N ↑

- - - - 地铁/轻轨
———— 环路

1. 紫禁城	9. 798工厂
2. 天安门广场	10. 通往机场
3. 国家大剧院	11. 国家体育场
4. 天坛	12. 国家游泳中心
5. 北海公园	13. 数字北京
6. CCTV	14. 奥林匹克公园
7. 使馆区	15. 清华大学
8. 连接复合住宅群	

五环路
四环路
三环路
二环路
三环路
四环路

1

摄影：© ROBERT IVY（本跨页图）；DIGITALGLOBE（前跨页图）

1. 迅速消失的一条胡同老街
（©Robert Ivy，本跨页图）

2. 紫禁城前人民英雄纪念碑大
街上的人群

3. 建设中的北京中心商务区远
眺，CCTV和中国世贸中心正
在施工

4. 北京城市展览馆内的城市
沙盘（© DigitalGlobe，前跨
页图）

入了早些年建成的由山本里显设计的获奖作品建外SOHO和约翰·波特曼设计的银泰中心的行列。

高层建筑、奥运场地和T3航站楼都需要土地。然而对于北京这座由小尺度街坊邻里——胡同——紧密聚合而成的城市而言，进步意味着拆除现存的房屋，通常那是百姓的家宅。根据中国本土的新闻机构新华社的资料，这座城市一度拥有4000多条胡同，而今70%已毁。一代人的功夫就把整个过去扫除得一干二净。北京规划展览馆用图像代替文字讲述同一个故事。一个巨大的1：1000铜铸模型把北京老城凝固在1949年，那是一座由两三层楼房组成的城市，数百年来的帝国结构依然支配着它。天际线尚未被摩天楼打扰。

当今中国建筑师、规划师和一些有识之士已经重新发现了胡同的价值，在那里能发现成群的游客来自不同的背景，手挽手漫步在傍晚的空气中。新潮人士青睐掩藏在胡同深处由四合院改造成的客栈和餐馆，普通市民则习惯于去胡同理发或购买日常物品。建筑师马岩松及其合伙人党群曾在美国留学，他们的办公室就在这样一条街的顶楼，悠久、地道的老北京味道调剂着每天的工作。

建筑师们提出了对当代北京的真实性的质疑。在一座迅速改头换面的城市里，真实性意味着什么？西方人眼中的真实性又是否算数？长久以来，北京以其历史遗迹、宫殿、湖面、窄巷，以及16世纪房舍中升起的袅袅炊烟……被认为是最有中国味道的城市。如今，20世纪50年代身穿中式立领衫的老式服装模特和衣着暴露、提着手机、身穿古驰CK的欧式模特招贴画在商店橱窗中短兵相接。北海公园边上，后海的餐馆里，霓虹灯照亮老房子的轮廓。大型购物中心把资本主义带进了社会主义的首都。眯起眼睛，世界仿佛消失不见了。

现代与历史的裂痕激发了活力四射的艺术场景，艺术家们在大山子等地找到了根据地，它们是由郊外废弃的工厂改造成的画廊和时尚餐厅。艺术家、商人、游客、猎奇者蜂拥至798的拱顶大厅下，它的前身是由包豪斯出身的建筑师所设计的工业设施。美国人罗伯特·博内尔（Robert Bernel）创办的东8时区书店和咖啡馆成了798建筑部落的地标。而在不远处，工人们骑了助动车在午休时分四散觅食。

遍布着啼笑皆非的场景和不同文化的对峙，北京以其无处不在和巨大能量颠覆了我们的理解力。今天的建筑师在那里找到了一块空地，容许他们实现在保守的欧洲或美国毕生都无法实现的梦想。结局是复杂的：最杰出的作品体现了业主和设计师双方的成熟和完善，而大多数中流作品、放眼望去的那些路边建筑，仍然只是缺乏细部与悉心规划的房子而已。北京像中国一样正在成长。它度过了青春期，突如其来的成熟让人既尴尬又刺激。我们不禁要问，这一场枝蔓横生、精力无穷的奇迹将要去向何方？

By Clifford A. Pearson　凌琳 译　戴春 校

上世纪90年代满大街的蓝色镜面玻璃房子现在到哪里去了？1995年我第一次来北京时记忆犹新的白瓷砖立面现在到哪里去了？它们应该还在，但已不像10年前那样主宰这座城市的景观。如今它们静静地蹲在那些张狂的、新奇的、风靡全球的建筑物的阴影中。开车经过后者并不会给人留下真实的印象，因为你得伸长脖子才能勉强看清OMA的CCTV总部新大楼，或是瞥到一眼斯蒂文·霍尔的"连接复合住宅群（Linked Hybrid Housing complex）"连接上空塔楼的非比寻常的天桥。今年4月我来到奥林匹克基地时，发现成群的市民站在工地上方的高架桥上，窥视围墙内尚未开幕的"鸟巢"和"水立方"。人们拍照、摆姿、伫立凝视。在北京，建筑俨然成了一场吸引观众的运动。

北京的城市建筑从低俗向前卫的快速转型并不是完全的。在今天你依然可以看见许多粗陋的商业开发，以及缀着宝塔的屋顶和俗丽的装饰。永无止息的建设热潮毁坏了无数历史肌理。迈克尔·迈耶（Michael Meyer）是一名旅居北京多年的美国作家，他的家就住在皇城根南一座破败的四合院内，他的笔下记录了北京胡同遭遇的持续威胁。窄小的巷道、熙攘的人群曾经赋予这座城市独一无二的特征，在一个强调邻里关系的社会结构中胡同扮演着重要角色。随着胡同的消失，高层建筑和购物中心从超大街区中升起，紊乱了的城市尺度，创造出一个为汽车而不是为步行者考虑的都市。

北京的一些杰出青年建筑师正在尽力挽救胡同的消亡。面对建造大房子、大街区的发展压力，张永和、朱锫等实践者提出能够唤起老城细密肌理的设计方案，尽管使用了新的构造技术。在天安门广场南侧前门地区再开发计划中，张永和（以及其他有才华的建筑师们）虽然在很多场设计竞争中败给了权威势力，后者更关心给前门大街"定调"而不是灵敏地唤醒传统街景。然而张永和仍然乐观地认为，整个工程意味着步行街区开发的一大进步。朱锫工作室在西四北胡同再开发中提出一种策略，通过保护或"冻结"街区中最好的元素，插入对传统结构的现代诠释，并赋予20世纪五六十年代的工业建筑新的功能。整个计划把工业建筑（朱锫称之为"肿瘤"）转换成都市孵化器，新兴产业能在其中启动与成长。这项计划保持胡同原有特征：狭窄的街巷和不规则的开放空间，同时鼓励这片街区延续其自我更新的惯性。

过去20年来的大型商业开发给城市肌理带来了巨大创口，但也有一些项目提倡一种渐进的都市主义。以北京金融街为例，这个总面积773万m²的综合街区位于城市西侧，建筑物限定街道边界并鼓励步行活动是它的特征。停车位于地下，场地中央设有新月形广场。项目由来自旧金山的SOM公司主持规划（他们也设计了其中的许多建筑），由于和周围的街道建筑保持良好联系，该项目被北京规划权威机构定为这一地块的开发样板。

在三里屯使馆区你能看到另一起鼓舞人心的城市开发案例。名为三里屯南和三里屯北的两座建筑综合体之间仅一街之隔，镶嵌在现有的街道网络中，营造出以步行为主导的环境，人行道尺度宜人，庭院和广场参差其间。发展商分别邀请日本建筑师隈研吾和香港欧

摄影：©TIM GRIFFITH（图1、图3）; COURTESY AI WEIWEI（图2）; SHUHE ARCHITECTURAL PHOTOGRAPHY（图5、图6）

53英里（85km）地铁轨道正在建设中，到2015年，北京有望建成349英里（561.5km）地铁线。

北京的年降雨量少于24in（609.6mm）致使城市面临缺水危机。

2008年，使用中的地铁线共有5条，轨道总长88英里（141.6km），共83个地铁车站，每天有351万人搭乘地铁。

2005年，北京居民每天吸入的空气悬浮尘埃数量相当于吸入70支纸烟，相比较，米兰居民的尘埃吸入量相当于15支纸烟，伦敦是29，洛杉矶是15，孟买是50。

1. SOM设计的北京金融街项目
（© Tim Griffith）

2. 位于798工厂区外围，艾未未的一座新画廊（© 艾未未）

3. 尤伦斯当代艺术中心，坐落在798原东德设计的厂房中（© Tim Griffith）

4. 朱锫工作室，西四北胡同更新设计

5.6. LOT-EK设计的三里屯综合项目（© Shuhe 建筑摄影）

华尔顾问公司（Oval Partnership）负责两侧的总体设计，还引介了新锐事务所如SHoP、LOT-EK、北京松原弘典建筑设计公司（Beijing Matsubara Architect）、SAKO建筑设计工社（Sako Architects）和隈研吾负责建筑设计。整个开发计划预计在奥运前开张营业，它综合了高端零售店、办公楼和以低中层建筑为主的小旅馆，彩色的立面上悬挑出异形凸窗和工业材料。土建竣工之后，另一家发展商接管了这个项目，今年4月在我造访它的时候，建筑外观似乎正在进行更改。

和所有的城市一样，最好的开发永远来自草根民众，而不是仅仅出于赚钱的目的。北京的798工厂，这个不断变化的、迅速成熟的艺术街区证明了自然开发的力量。艺术家偏爱这处废弃工业建筑中迷人的北采光空间，在他们的努力下，这片地区已然成为首都欣欣向荣的艺术场景中炙手可热的核心地带。它给艺术家带来了创作、展示和销售的空间，同时也提供市民欣赏、购买艺术品的场所。我每次造访798都会发现新开业的画廊、画室、书店和咖啡馆。去年11月，由Jean-Michel Wilmotte和马清运设计的面积达6500m²的尤伦斯当代艺术中心（Ullens Center for Contemporary Art）在一系列庆祝酒会中隆重开幕。富有的比利时夫妇盖·尤伦斯和米利亚姆·尤伦斯与中国有深厚的联系，开幕式上展出了他们两人广博的中国艺术藏品。今年4月在我离开之后，4000m²的伊比利亚当代艺术中心落成。798曾经是非主流艺术家的据点，如今却发展得越来越商业化、全球化、体制化。那些把798标上地图的艺术家诸如艾未未认为798已丧尽锐气，纷纷撤出。但是毫无疑问，798提供了一种快速成长的模式，它和以往自上而下的、政府控制的、大兴土木的发展模式是不同的。

在筹备奥运会的不懈驱动下，北京延伸了地铁和轻轨系统，扩建了全球最大的航站楼，在最后一批运动员离去后奥运会场地将成为城市公园。尽管在严格意义上不属于奥运项目，CCTV、国家大剧院、还有不计其数的高层商业建筑也趁势大兴土木。到8月底，北京将面临一个问题，这个问题早就盘桓于每个人的脑海：接下来会是什么？举办过奥运会的城市，诸如1996年的亚特兰大和1984年的洛杉矶，不曾为了奥运会特地扩建或改善城市基础设施，因此也没有长远的获利。而巴塞罗那趁着1992年奥运会，在全城修建公园、复兴水岸、建造了必要的住宅，从而树立了一个全球创意焦点的新城市形象。在当前的繁荣中，北京用一层比一层昂贵的构筑物来掩盖早年蓝玻璃白瓷砖的败笔。而目前城市面临的严峻问题是空气污染、人口增长和日益悬殊的贫富差距。如何应对这些挑战，取决于北京意欲成为一座世界级都市，吸引人才工作并生活其间，还是仅仅成为一座持续纠结于各种大问题的大个儿城市。

每一年，北京9845万m²空间被建造。

2008年5月，北京共有20.5万人毕业于大学和专科院校，而1996年的毕业生人数是1万。

2007年11月，北京平均商品房价格为每平方英尺240美元。

1990年，北京市中心城区耕地面积为10.21亿亩，到2003年，仅剩6.4万亩。

紫禁城总占地7.2万m²，2009年向公众开放的面积将只有4万m²。

当新建设持续侵入北京的
胡同，那里独特的生活样
式正在被抹去

老北京的死与生

The Death and Life of Old Beijing

By Michael Meyer 孙田 译 钟文凯 校

我住在北京天安门广场南面的一个最古老街坊——大栅栏，那是由胡同里几户人家共用的一个四合院。老房子建于20世纪初，虽然人们——即使是城市的档案馆——并不知道它建成的确切时日。对开的木门上，大漆剥落了，门当裂了，瓦顶需要除草。可以肯定的是，房子正受到居民称作"大手"(the Hand)的看不见的幽灵的威胁。它晚上走进一条条胡同，在院子的灰墙上画上惨白的圆圈——一个意味着推倒夷平的符号。和"大手"没有争辩的可能。于是，我的邻居们每天早上醒来，去公厕或是天桃农贸市场的路上，首先会瞟一眼我们家的外墙。昨夜，"大手"没来。胡同里的又一天开始了。

因为邻居们并不完全拥有家宅，所以他们几乎不从自己的微薄薪水中投钱进行房屋维护。从20世纪50年代起，那项责任又落到了土地资源与房屋管理局头上。它拥有北京本地建筑——构成胡同的单层合院中的大多数产权。几十年来的房租补贴、预算缺口、过度拥挤和漠视，侵蚀着一座座以易腐的材料诸如木头和黏土砖建起来的房子。房子坏了，地方政府将地块没收，并拍卖给发展商们，再由他们再将整个街区夷平。发展商抹去的不只是胡同和屋舍，还有其独特的生活样式。

在中国，历史保护通常意味着起死回生——修复皇家帝国无人居住的建筑，或是以理想的形式重建它们，展示给买票的顾客看。"老"的看起来新，因为木梁才上了漆，屋瓦无损，绘制的细节色彩鲜明，了无尘垢。亚洲建筑的修复长期以来遵循着这一模式，所以，它们并不展示欧洲石制纪念物那种浪漫的衰败。拆毁、重建以易腐材料建造的结构更为便宜，比修补高效。结果是，真正古老的构筑物，诸如合院住宅——显示过去的老朽，而非其荣耀。

面对飞速发展和奥运荣耀，中国首都奋力保存其过往的第一手记录

据麻省理工学院建筑系主任张永和说（他的北京事务所非常建筑工作室在圆明园）："在中国，人们不明白欧洲人的保护观念的一个原因是，西方建筑以不同时代和政体为特征，而中国的建材和设计在两千多年里基本没变。"备受瞩目的参观遗址，诸如一座大教堂，是回溯特定时期的门户，而在北京，老房子被看成是一个前社会主义时期——封建年代——的残余。

虽然北京已经动迁了一个个完整的街坊，但也奋力修复了一些直到最近还被讽为前朝化石的房子。现在，这些房子代表着中国文化，挣着税收。在2000~2003年间，首都共花了30亿元（3.6亿美元）保护那些受旅游者欢迎的遗址——数目几乎等同于同期全国用于保护的花销。从2003年到2008年，另有6亿元（7260万美元）预算用于遗产保护。据国有报纸《中国日报》报道，总投资相当于北京遗产保护经费"2000年以前几十年的总和"，用于诸如故宫、颐和园等旅游点。

老北京的积极守护者，已故建筑师梁思成曾警告官员们他们会后悔拆了城墙——城墙最后一段在20世纪60年代倒下。"在这些问题上，"他在1955年写道，"我是先进的，你是落后的！50年后，历史将证明你是错误的，我是对的！"在这座城市申奥成功之后，工人们推倒2000座屋舍以重建一段I英里（约1.6km）长的被毁城墙。这段城墙贴着仅剩的角楼，用上了在政府动员下归还的20万块原初城墙上的灰砖。

非政府组织北京文化遗产保护中心的执行主任胡新宇说，保护工作者面临的障碍是将保护意识灌输给一个优先考虑发展的政府。他的办公室位于一座昔日寺庙的所在地，他解释说："甚至在有人想保护建的

Michael Meyer 是"The Last Days of Old Beijing: Life in the Vanishing Backstreets of a City Transformed"（Walker & Co.）（《老北京的最后岁月：生活在转型城市中即将消逝的后街》）的作者。1995年，他作为美国和平队（Peace Corps）的一名志愿者第一次来到中国，在四川农村工作生活，1997年，他迁往目前居住的北京。

时候，他们通常不知道该如何正确地使用传统材料和方法去做。"他引用了一项修复旧城近1474个四合院的方案。规划是好意的，但推倒了房子，却用红砖便宜地重建。虽然原居民仍生活在社区中，历史肌理已被扯断，使这些合院成了开发商们易到手的猎物：开发商们可以争辩这些房子缺乏遗产价值。

他也承认，绝大多数内城街坊的地权已被转移给通常和当地政府有联系的开发商，非政府组织和积极的保护工作者们已深受掣肘。在前门大街鲜鱼口，张贴在废弃四合院上的海报号召：建设新北京，迎接新奥运。而早在申奥成功之前，北京中心区胡同的命数已定。从1990年开始，直到2003年，北京市政府承认，北京的危房改造计划从市中心动迁了50万居民。非官方的动迁人数估计则高达125万。

1988年，国家政策有了改变，允许地方政府通过房产市场筹措资金。土地仍为国有，但使用权可以转让。政府把一块土地放到市场上，开发商竞标其使用权；投标赢家付长期——通常是70年的租金。发展商可以在竞标所得的土地上建设，或是将土地划块后销售地块。由于缺少地产税或是政府债券，土地转让成为一座城市发展的关键。

当房地产价格飙升时，危房改造计划启动了。1990~1995年间，北京的房地产公司从20家发展为逾600家。修编后的城市规划，虽然保持了在故宫周围的高度限制，但在历史风貌核心区的东面划出了"中央商务区"，西面划出了"金融街"。

多数居民迫切希望从混居、破旧的大杂院搬往自己的现代公寓，然而很多人并不希望被放逐到远郊，远离他们的市中心街坊。俗谚说："盼拆，怕拆"。在居民的抱怨中，拆迁工作缺乏透明度差不多是首位的。在陈列描绘首都前景模型的北京城市规划展示中心，官方以票窗上的警示回应访客的抱怨：展品并不表达拆迁规划详情。请谨慎购票。不予退票。

即使一片街坊被指定为"北京旧城25片历史文化保护区"之一，亦难确保其受到保护。这一保护规划涵盖了旧城17%的面积。把这些片区和已受保护的昔日皇家园林和宫殿合在一起，北京旧城的38%（约23km²）为受保护的，剩下的则可拆。

2002年，"25片历史文化保护区"公布后不久，区政府称，25片之一，近故宫护城河东的"南池子"为了保护就要被拆。

"这完全是房地产公司的诡计"，当地媒体引用一位居民的话，"他们说我们的房子太老了，散架了，但是他们不让我们自己修，因为他们要这块地。不能忍受的是我们的百年老宅会被新建的、仿古风格的2层房子取代。"今天，新建的街坊是北京中心一片安静的睡城（bedroom community），也是官员们喜欢的住址。

北京城南连接天安门广场和天坛的大动脉前门大街的封路，遭遇了相似的抗议。2005年冬，停止营业的商店里展示了计算机生成、将要实现的灰砖旧观的建筑图纸。一条标语上有大字：保护古都风貌。在图纸中，信步于未来的步行街前门大街的不是中国人，而是

作者于大栅栏的居所前

白人。仅有的店招是"必胜客"和"星巴克"。

在覆盖一座被拆房子的广告牌上，一条标语承诺"再现古都"，一夜之间，有人巧妙地去掉了第二个字的一部分，于是，标语成了"再见古都"。

前门大街项目——自此称"天街"——有中国最高调的开发商之一的SOHO中国的参与。SOHO中国以请明星建筑师创作生活-工作社区而知名。譬如"长城脚下的公社"，一组现作宾馆运营的房子。"前门地区是我童年记忆的一部分，"成长在北京的SOHO中国首席执行官张欣回忆道，"我很惊讶它变得那么破，我说，'或许我们可以干点事。'它需要发展，但它也需要保护。"

这一项目建筑面积达387.5万ft²（合36万m²），在2006年初区政府召集SOHO中国参与前，项目已经历过36轮规划方案。最后，胡同的原初路网和胡同的名字被保留下来。而政府仍希望快速再造整个区域——到2007年10月完工——SOHO中国把这个竣工期推到了约2010年。近半英里（合800m）长的主干道已被改为一条商业步行街，居中是电车，正面是风格依照一张1950年街景照片的重建房屋。SOHO中国选定的建筑师包括设计了上海露天商业街新天地的本·伍德（Ben Wood）和麻省理工学院的张永和。

"永和理解传统，理解建筑对今天的环境意味着什么，"张欣继续说，"它不是一模一样的复制品，因为房子要在今天的世界里使用。"虽然施工用了现代材料——例如混凝土框架——张欣说结果不会是"假电影布景。作为我们历史的一部分，它看上去让人生敬，它也是今天能用的房产。如果成功的话，会是其他城市一个很好的榜样。有这么一种紧迫感去抢救剩下的。现在有了足够的意识。我们必须试一下。"

可是，项目以现代材料再造老建筑，惹恼了保护工作者，譬如北京文化遗产保护中心的胡新宇。"每一块砖携带着历史价值，"他说，"外表可能看起来是传统的，但是街道自身不会传递任何历史讯息。这是另一个'新天地'。"胡新宇哀叹，他指的是上海模仿被拆老建筑、令社区解体的露天商业街，"它带了一个很坏的头，因为其他城市会学样。"

张永和建议评论家们保留对这个项目的评判。"更有趣的部分不在主街上，而且还没开始施工，"他说，"主街与北京的类似工程并没有真正不同的处理办法。它是一个政治项目。不幸的是，设计并不重要。一旦进入街坊，便需要更多的设计创新。"

我的第一次主街行因市长视察现场被迫延期。第二天早上，我漫步大街，石板铺地、灰砖房子形成连绵不断的街面。最让我高兴的是见到长凳、垃圾桶、盆花和海棠树。这一项目让行人安坐、徜徉，在北京是独特的。实际的使用将如何改变环境（想象一下保安

和服务游客而非不时本地居民的商店）仍需留待后观。已知的是随着再开发的扩展，这个项目会改变这一地区，就如水面涟漪泛开一样。

这让在中国工作的企业家Kane Khan有些担心。Kane Khan花了37.5万美元修复一座距SOHO中国的项目仅一街区之隔的历史性宾馆。虽然人工费和材料费便宜，保护一幢百年老宅的费用仍是高昂的。修复一座四合院需要的公文手续与建一座20层的高楼一样。Khan起初预算25万美元用于修复前门客栈，可是，他超支又超支，让这幢2层的砖建筑能达到防火和卫生防疫规范——就别提他觉得非得给局里官员送的"礼物"了。政府裁定他的业务会是一家客栈（hostel）；因为它是一幢历史建筑，Khan不得安装客房内的上下水管道或是改变建筑的基础设施。官员们不会告诉他有关周围胡同的城市规划；"大手"一高兴可能过来画个圈。当他的客栈就要开张的时候，区政府宣布街正对面要造一座高档宾馆，其风格即是他花了那么多钱才保留下来的原真的古代建筑风格。

在客栈的开敞院子中，当我们坐下，四周围绕的是暗红色的梁、绿柱子和红灯笼，Khan婉谢赞扬。"要是造新的，会简单得多，"他说，"我觉得访客们希望看到原真的北京。"然后，他才意识到弄干潮湿的墙、提升水电标准、安装防火喷淋会是多么困难。当地的官员并不赞许他安装太阳能热水器；用煤气倒会增加税收。Khan在最早的设计师开始涂刷老木头后解雇了他——这些木头的年代可溯回到这座旧日茶馆开业的1850年。

在Khan支付了修复客栈立面的费用以后，一位市政总监要求街区所有建筑外观统一，于是，政府雇工来用灰瓷砖覆盖原来的砖墙。工人的响动传入院子，Khan拨弄着他无数新长出来的白发。"这个客栈在共产党受迫害的20世纪20年代，曾是一个地下党会面地，"他说，"楼上屋子里的雕花木屏是19世纪的。要找关于老建筑的故事和事实很难。我签租约的时候，这幢楼是一个铁路局的宿舍。"他指向在修复中收集的照片拼贴：人们站在铁轨上、东方红柴油机前面。"房子前面甚至没有一块牌"，Khan哀叹，"你写一个？"

"大手"在末日来临的房子上显形（图1、2）；胡同内景（图3）；大栅栏的延寿街市场（图4）；新的2层房子（图5）；在天安门广场南面有沃尔玛超市的这一片地区，高层取代着百年四合院（6）；前门大街已被改为步行商业街，街上的房子模仿着这条街1949年的面貌（图7）

摄影：BY MICHAEL GOODMAN

改变都市的人
Urban Transformers

《建筑实录》关注这样一批人：他们改变了北京的天际线，他们是新一轮建筑创新的弄潮儿

By Jennifer Richter 凌琳 译 戴春 校

张永和
非常建筑工作室
(Atelier Feichang Jianzhu)

成立中国首家私人建筑设计事务所——非常建筑工作室；出任麻省理工建筑系主任……张永和行走在中国建筑现代化的前沿。他在作品中尝试混合当代与传统。进行中的项目包括：新近完成的韩国SamHo出版社大楼和成都茶室。他的装置作品将于今夏展览于伦敦维多利亚与阿尔伯特美术馆的庭院。

若瑞·麦高恩（Rory McGown）
奥雅纳

Rory McGown在ARUP担任结构工程师21年，参与的工程遍布全世界。目前他是奥雅纳北京分公司负责人，参与的项目有：CCTV、深圳证券交易大厦和北京西翠零能耗媒体墙。谈到奥雅纳对北京发展的作用，McGown说："奥运会是这场空前城市发展的催化剂，发展还会持续一段时间。奥雅纳也将持续推进工程设计领域的技术、品质和适宜性。"

郭家耀（Michael Kwok）
奥雅纳

郭家耀（Michael Kwok）在首都机场三期、国家体育场、CCTV等众多前卫项目的结构设计中扮演了重要角色。郭在1986年作为设计工程师加入奥雅纳，目前担任奥雅纳上海、北京分公司的总经理。他是中华人民共和国注册结构工程师，在香港和伦敦亦拥有业务。

奥雷·舍人
大都会建筑工作室
(Office for Metropolitan Architecture)

奥雷·舍人是大都会事务所合伙人、北京工作室主管、CCTV负责人。他经营OMA整个亚洲区域的项目，其中包括新加坡Scotts Tower和即将亮相于上海的Prada体验中心。奥雷·舍人1995年加入OMA和雷姆·库哈斯，2002年成为合伙人。他第一次去北京是在1994年，他把今天的北京城描述为"一个迷人的生活场所"，不仅"比较适宜居住，而且日渐成为全世界最重要的城市之一"。

李虎
斯蒂文·霍尔建筑师
事务所(Steven Holl Architects）

李虎在斯蒂文·霍尔事务所工作了八年，在2005年成为合伙人，2006年起担任北京分部负责人。现今他工作生活于北京纽约两地，管辖的主要项目包括北京Linked Hybrid住宅综合体、南京建筑艺术博物馆和深圳万科总部新办公楼。2002年李虎曾与霍尔、张永和合作编撰建筑双月刊《32：北京／纽约》。

布莱恩·踢摩尼（Brian Timmoney）
福斯特及其合伙人

布莱恩·踢摩尼生长于伦敦，1990年加入福斯特事务所。他于1992年曾移居香港，1997年回伦敦，1999年前往马来西亚参与为期4年的国油理工大学（Petronas University of Technology）项目。目前踢摩尼担任福斯特北京分部的合伙人和首席代表。近期工作包括平安国际金融中心、广州花都综合开发项目和吉隆坡高层办公楼。

朱锫（右）
吴桐（左）
朱锫工作室(Studio Pei-Zhu)

朱锫和吴桐在北京已经设计了不少有影响力的项目，包括模糊酒店（木棉花酒店）、北京出版社和数字北京。《建筑实录》2007年12月号的设计先锋曾专文介绍该事务所。朱锫曾在中美两国学习，吴桐毕业于清华大学。2005年成立自己的事务所之前，朱锫曾担任都市实践的合伙人。事务所计划在今年接手第一起境外项目——迪拜艺术会所。

摄影家伊万·巴恩用其相机关
注正在建设新北京的工人

拔地而起

From the Ground Up
**Photographer Iwan Baan focuses his camera on the
people who are building the new Beijing**

国家体育场 2007.8

国家体育场 2007.10

国家体育场 2007.5

　　北京人口中农民工占了将近1/4，其中95%是男性。妇女和孩子通常待在家里，因为她们无法改变户口，学校也不会接受外地的学生。伴随着对劳务工的大量需求和包工头工期期限的压力，男性农民工大量涌入城市。因为大多数是农民，在粮食收获时期会返回家乡，所以造成这段时间城市中劳动力的缺乏。在城市中，他们一起住在工地的临时宿舍或者挤在共同的复合住房中。他们每月挣500~1000元人民币（72~144美元），大约是中国城市地区平均工资的一半。(By Jennifer Richter 姚彦彬 译 戴春 校)

中央电视台大楼 2007.7

中央电视台大楼 2007.7

中央电视台大楼 2007.7

中央电视台大楼 2007.7

国家体育场
赫尔佐格和德梅隆设计超越奥林匹克运动会

为图标建筑

National Stadium
HERZOG & DE MEURON creates an icon that
reaches beyond the Olympics

包含有9.1万个座席的国家体育场由两部分组成：内部红色的混凝土大碗与外部网格状十字交叉的钢架结构

By Alex Pasternack　姚彦彬 译 戴春 校

奥林匹克国家体育场（National Stadium），位于北京市中轴线（从天安门广场和紫禁城延伸过来）与北四环路相交的位置。虽然其地理位置处于轴线的北部端头，但却几乎可以在城市的每个角落看到它的影子。广告牌、杂志、电视广告、饮料罐、衣服、帽子、甚至烟灰缸上，都标有它的图像。这栋由赫尔佐格和德梅隆（Herzog & de Meuron）设计的"编织钢肌理"的建筑，已经成为宣传媒体、商业市场，抑或是纯粹爱好者的掌上明珠。在这个建筑美学越发趋向于困窘迷惑的地方，如果不被嘲笑（当地民众用"巨蛋"这个充满嘲讽的词语来形容保

Alex Pasternack 是驻北京的建筑与设计记者。

罗·安德鲁设计的国家大剧院），斥资4.23亿美元的国家体育场已然成为杰出的明星建筑，现在人人都叫它"鸟巢"。在中国，这种说法意味着某种褒奖——在非常时期产生的价格不菲的尤物。赫尔佐格和德梅隆，连同他们的项目建筑师斯戴芬·马尔巴赫（Stefan Marbach），在与中方合作者的密切配合下，提交了这个与众不同的大型运动场方案。艺术家艾未未，一个曾在其作品中以打碎一对古代汉朝花瓶而闻名的艺术煽动者，展示了作为建筑师的他如何巧妙处理新与旧的问题，并在整个设计进程中提出了许多饶有趣味的想法。"我们认识到了激进的中国艺术是什么样子。"赫尔佐格于5月在哥伦比亚大学的演讲中回忆道。

另一位不得不提的人物就是中国建筑设

计研究院的总设计师李兴钢，建研院也是赫尔佐格和德梅隆在中国的合作机构。2003年，在瑞士巴塞尔第一次举办的设计会议上，李兴钢就建议瑞士建筑师抛开他们早已闻名于世的精巧立面做法。"早在那时，整个建筑界就已经将赫尔佐格和德梅隆归为'表皮'建筑师。"李兴钢说："但我认为，如果他们在此次竞标中仍然运用这种设计方式，那么他们将会被中国民众所否定。"他还说："中国需要添加一些新的东西到这个非常重要的体育场中去。"同样，建筑师们也不愿意再次重复过去。"我们不想被定型归类，"赫尔佐格说，"所以我们总是尝试着逃离自己的陈规。"

设计团队的工作是从学习中国陶艺开始的。"我们想让体育场成为一个集体的

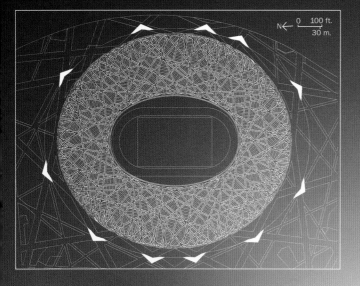

国家体育场平面呈椭圆形，但屋顶却呈现出双曲抛物面形状，这使得它在各个方向看起来都是不同的（下图）。由于具有半透明的性质，ETFE屋顶材料在晚间隐而不见

建筑，一个公共的容器。"赫尔佐格解释道。但是他们也希望体育场能够以"多孔"的方式将周围环境渗透进来。所以他们探讨了没有表皮的碗的概念，这最终使得他们走向鸟巢的方案。当时，赫尔佐格和德梅隆的另一个项目——慕尼黑安联足球场（Allianz Arena，《建筑实录》，2006年6月，第238页）正在建设中，该体育场用半透明的ETFE（四氟乙烯）材料作为外表面，包裹着椭圆形的结构框架。但对于该奥林匹克体育场，他们则选择了相反的做法，不再使用生动的表皮包裹建筑结构的方式，而是采用暴露的结构去定义建筑形式的方式。

尽管国家体育场弯曲的钢铁鸟巢形状吸引了民众大部分的注意力，但实际上，建筑是由两个部分组成的：一部分是由座椅形成的鲜红色的混凝土大碗；另一部分是环绕这

个大碗的图标式钢结构框架。从座椅到运动场地的视线用于确定混凝土大碗的形状和尺度，而厚重的收缩式屋顶（标书中标明的必要条件）促成了建筑外围巨大的交叉钢框架形式。由于建筑师们想用沉重的平行结构来支撑可以收缩的屋顶，因此他们将其他的钢元素设计成一种花边图案来掩饰这些平行结构。在整个设计进程中，他们创造了一套看起来杂乱无章、不可复制的结构。"我们的兴趣在于复杂性和装饰性，"赫尔佐格说，"对于这种形式，你可以在哥特式教堂中找到类似物。在那些教堂里，结构和装饰是一体的。"奥雅纳工程顾问公司主管兼奥运体育场项目总监郭家耀（Michael Kwok）认为，设计方案无可挑剔，结构可能看起来有些复杂，但它"展示了隐含在设计背后的工程技术"。

除了鸟巢的比喻，建筑师们还将体育场比作装饰有裂纹釉彩的中国瓷器。李兴钢认为这种比喻并非生搬硬套，而是有其内在的含义："为什么中国的碗或是中国的窗户会有这样的图案？可能是因为中国人喜欢通过不规则的形状观察若隐若现的事物。但在不规则的形状之后，事物却有着它完整的形式。鸟巢也采用了这种方式。"尽管赫尔佐格和德梅隆首先有这一说法，但他们却坚持"鸟巢"的名号。"我们厌恶比拟，"赫尔佐格说，"感知理解建筑的方式应该是多种多样的。"

更进一步看，国家体育场方形断面的钢梁也并未暴露出它规则的结构支撑体系。外骨架由24根桁架柱子组成，柔和地升起、弯曲，从而包住内部的大碗。它们以十字交叉桁架的方式连接了顶部，这些桁架在屋顶处

建筑师设计了一个"多孔"的建筑外皮，面向各个方向渗透周围的环境（本页图）。人流交通集中于建筑内部结构与外部结构之间的空间（对页上底图）

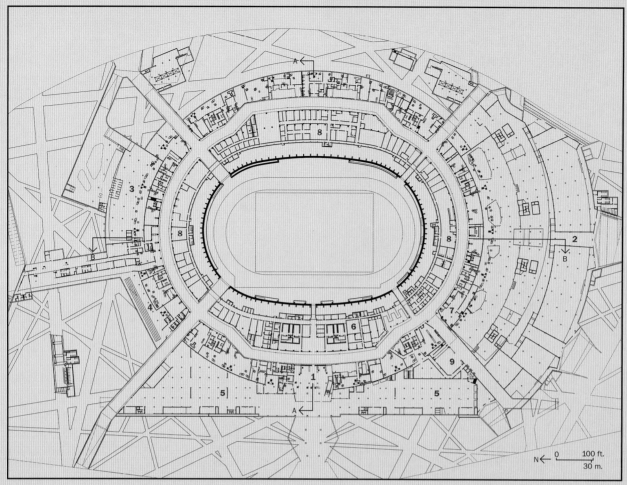

1.VIP入口   7.医疗中心

2.商业区   8.赛事运转中心

3.宾馆休息厅   9.新闻中心

4.热身区   10.座席区

5.停车区   11.运动场

6.控制中心

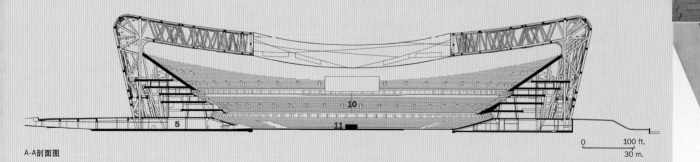

A-A剖面图

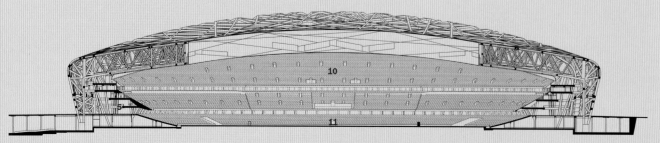

B-B剖面图

由于并未将建筑两部分结构的中间空间（本页，顶图和底图）封闭起来，这使得建筑师能够给建筑的大部分区域设置自然通风系统

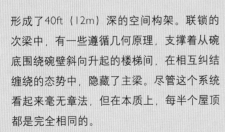

形成了40ft（12m）深的空间构架。联锁的次梁中，有一些遵循几何原理，支撑着从碗底围绕碗壁斜向升起的楼梯间，在相互纠结缠绕的态势中，隐藏了主梁。尽管这个系统看起来毫无章法，但在本质上，每半个屋顶都是完全相同的。

就在由保罗·安德鲁设计的巴黎戴高乐机场于2004年发生部分屋顶坍塌的事故后，中国有关权威机构暂停了北京所有在建的重点工程，以复查它们的施工质量和工程预算。在国家体育场项目中，尽管他们并未发现任何安全问题，但他们还是决定化简工程，去掉伸缩式屋顶，将座席从当初的10万个减少到9.1万个（包括即将在奥运会中使用，处于最高一排的1.1万个临时座席）。在施工过程中，他们还将用钢量缩减了1.2万t，

控制在4万t以内。赫尔佐格在哥伦比亚大学的演讲中说道，他的团队为这些改变感到高兴，因为它们简化了建筑的结构，增加了建筑内部的亮度和开放性。他补充说："那个屋顶就是个负担。"

为了防止观众被风雨侵袭，建筑师们在弯曲的顶部结构上覆盖了半透明ETFE材料，这和慕尼黑安联体育场、PTW建筑师事务所设计的国家游泳中心（毗邻奥林匹克国家体育场）的表皮材料相同。体育场所有钢梁呈方形断面，宽度均为4ft（1.2m），但厚度取决于它们承受压力的不同从0.4~4in（0.01~0.1m）不等。为了防止主体结构的地震破坏，次梁用来辅助吸收震波。整个骨架结构体系与混凝土大碗各自独立工作，即使骨架系统断裂破碎，也可以被独立移开（据李兴钢说，建

筑可以轻松承受类似近期四川大地震产生的震波）。

当大部分体育场只为专门的体育项目而设计的今天，国家体育场承担着在奥运会期间作为开闭幕式、田径赛事以及随后的足球比赛等赛事场地的任务。"当你近距离观看比赛时，在良好的观看视角和眼前众多观众之间获得最好的平衡几乎就是在开玩笑。"奥雅纳工程顾问公司体育部（Arup Sport）的主管帕里斯（J. Parrish）说。他更加关注建筑未来的使用前景，并以此独特视角设计了国家体育场的混凝土大碗。尽管使用最新参数软件工具设计的大碗可能并不是最适合观看足球比赛的，但是它控制了观赏比赛的距离：所有的座椅距离中心赛场都没有超过460ft（140m）以上。

骨架系统，建造使用了4.616万t的方形截面的钢柱，它们垂直向的倾角大约有13°

在混凝土大碗和钢骨骼框架之间存在着50ft（15m）宽的间隙，赫尔佐格称之为建筑的"激进空间（radical space）"——是建筑中最生动的地方。站在高耸弯曲的柱子后，面向奥林匹克公园，观者的感觉就像是处于巨大的钢铁森林之中。同时居高临下的独立式楼梯雕塑般的形式，为身临其境的体验者增加了动态的晃动感。"我们希望可以引入多样化的尺度概念。"赫尔佐格解释道。从体育场整体看似巨大的尺度，再到建筑的小尺度空间，它就体现在这块"近乎私密"地处于内外结构之间的空间。

为了确保赛后公众的使用和收益，设计团队在体育场南边规划了地下购物中心，在体育场北面规划了精致典雅的酒店，从酒店的房间中可以眺望整个场地。"我们设想

赛后体育场将作为北京市民重要的公共空间，"赫尔佐格说，"在北京，人们在公共空间中跳舞、打太极，我们希望这些活动也可以发生在这里。"李兴钢则称："这里必将会变成北京最重要的公共空间。"

在中国高度紧张的政治化、社会化氛围笼罩下的今天，赫尔佐格和德梅隆却创造出了一个足以让人目瞪口呆的符号，它要求人们超越体育或是国家权利去阅读和理解它。阶级的模糊性、内在逻辑和外在无序的摇摆性、新与旧的矛盾性，所有的一切都在为这个处于尴尬时刻的古老复杂的国家表达着模棱两可的语言。同时，奥林匹克体育场也已经成为一个可迅速识别的图标，代表着这个富于想象力的民族已经为迈向世界舞台做好了准备。这两种状态之间的张力，恰恰解释

了国家体育场的巨大影响力，如同其钢架一样，扭转和提升了人们的认识。

项目：国家体育场

设计团队：赫尔佐格和德梅隆建筑事务所，奥雅纳工程顾问有限公司，中国建筑设计研究院——Jacques Herzog, Pierre de Meuron, Stefan Marbach, Linxi Dong, Mia Hägg, Tobias Winkelmann, Thomas Polster

合作者：艾未未

工程师：奥雅纳工程顾问有限公司，中国建筑设计研究院

顾问：R + R Fuchs（外覆层），New Identity Ltd.（署名）

给该项目评定等级，请登陆 architecturalrecord.com/projects/.

内部的碗状设计确保了每个座位到中心赛场的距离不超过460ft（本页底图）。服务区和缓冲区在座位后的聚集场所中呈线性空间排布（上右图）。建筑师为VIP区域设计了金色的屋顶顶棚（上左图），回应了传统的"裂纹玻璃"图案

国家游泳中心
PTW、奥雅纳和中国建筑工程总公司

National Swimming Center
PTW, ARUP, and **CSCEC** wrap a set of pools with high-tech bubbles

由Vector Foiltec制造的超
过4000件的气枕包裹着整
座建筑，包括屋顶，营造
出一个半透明的温室

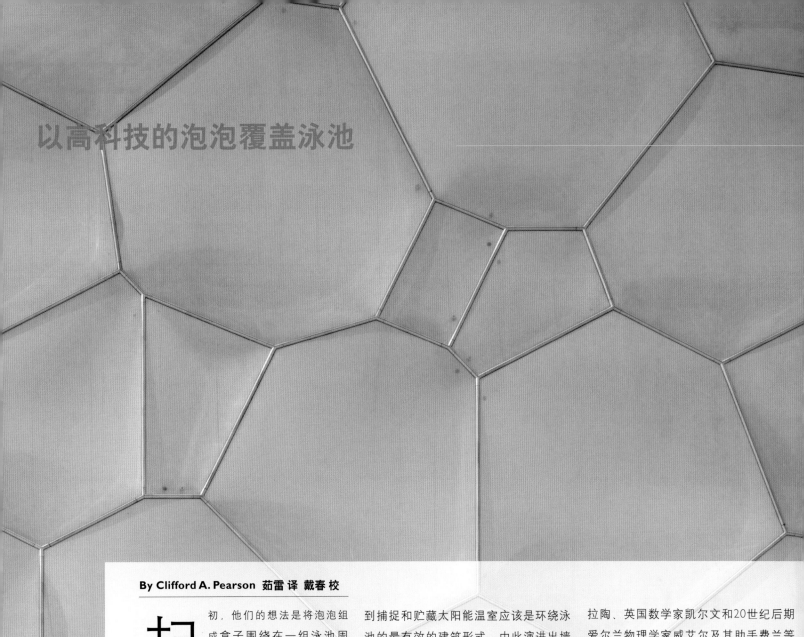

以高科技的泡泡覆盖泳池

By Clifford A. Pearson 茹雷 译 戴春 校

起初，他们的想法是将泡泡组成盒子围绕在一组泳池周边。这个设计概念很快地得到了所有人的赞同。然而，找出真正让它行之有效的办法却困难得多。在2003年春天的3个月里，由澳大利亚PTW建筑事务所、奥雅纳，以及中国建筑工程总公司组成的设计组探讨了进化生物学、玄奥的19世纪几何学以及最新的电脑模型技术。他们面对的是国家水上运动中心的竞赛截至期限，这里将是2008年奥运会游泳项目的主场馆。

设计组已经得知比邻的国家体育场选中了赫尔佐格与德梅隆设计的鸟巢方案。"我们必须做些与赫尔佐格与德梅隆不一样的东西。"奥雅纳组的负责人卡尔弗雷回忆道，"他们设计出了红的、圆的，那么我们就应该是蓝的、方的。"由于游泳池需要在一年中的大部分时间里依靠加热来保温，设计组便想到捕捉和贮藏太阳能温室应该是环绕泳池的最有效的建筑形式。由此演进出墙面与屋顶连续的透明或半透明表皮的概念。玻璃的声学特性会给游泳馆内带来一片嘈杂，因此不适用。设计组选取了乙烯-四氟乙烯共聚物（ETFE）——一种透明的特氟隆(聚四氟乙烯)。除了声学上通透外，这种材料重量轻，而且异常的结实，即使只有0.08in（2mm）厚。

参照自然的形态与模式，设计组开始设计表皮。很快精力就集中在肥皂泡以及它们汇聚在一起时的几何构造上。起初，设计师们尝试用集束的圆柱体来塑造平的墙体和屋顶，但对圆柱体之间的间隙以及从垂直圆柱体（支撑屋顶）到水平圆柱体（支撑墙）的别扭的过渡并不满意。在找寻将空间分割为同等尺寸的小区块，并且使各区块间的表面积为最小的最便捷的方法的过程中，设计组成员们探究了19世纪比利时物理学家普

拉陶、英国数学家凯尔文和20世纪后期爱尔兰物理学家威艾尔及其助手费兰等人提出的解决方案。最终，设计师们采用了威艾尔和费兰的设想，设计出由14或12边的体块组成的建筑表皮。博塞曾经是PTW事务所的项目建筑师，现在在悉尼经营自己的事务所——"前瞻建筑实验室"，他解释道："我们想让泡泡显得随机出现，而不是重复式的。"利用威艾尔-费兰几何模型，设计组得以创建出由4000个特氟隆泡泡组成的表皮。一些泡泡直径达到30ft（约9m），屋顶有7种不同尺寸的泡泡，而墙体有15种。

由现场组装的、把22000根钢管焊接在12000个结点而成的空间结构将承载这些泡泡并提供跨度在396ft（约120m）的无柱结构。这个三维框架会是非方向性的，也就是说它没有上下左右之分，从而成为北京这个高抗震区的完美结构。然而，建筑内的游泳池水与它外面的大

气污染都会腐蚀钢材。因此，设计组把钢框架置放在由两层ETFE气枕构成的孔洞中。屋顶的孔洞有25ft（7.6m）深，墙体有12ft（3.6m）深。

这个设计被称作"水立方"，虽然它并非一个立方体，而是584ft（178m）见方、102ft（31m）高的长方体。它赢得了竞赛评委的赞赏。今年年初竣工的水立方仿佛浮动在水面上，它周边是映着倒影的水池，有轻柔的瀑布拍打建筑基座，流入水池。在建筑内部，泡泡的主体被延续到了主门厅地板雕刻的圆圈，以及二层的泡泡休息厅。没错，在这里卖香槟的酒吧由装点着圆圈的可丽耐组成。

在这座建筑里，沿北向并排排列着三座游泳池，而南侧则是一个水上休闲公园（未完成）。在其中穿行，访客会觉着被水的环境所包裹。日光穿过ETFE气枕，它们的外侧印了一层蓝色涂层，内层则印了银色涂层以减轻日光暴晒。

在要求减轻眩光与热量的地方，涂层覆盖了多达90%的面积；在需要日光与热能的地方，涂层减少到10%的面积。奥雅纳表示：通过减少对电灯与机械供热的需求，ETFE表皮可以降低能源消耗达30%。与它的前辈特氟隆一样，很少有东西能沾到ETFE上，因此每次雨后，灰尘都将被雨水清洗掉（不过，因为此前打磨地板时灰尘四起，4月的时候有一小队的工人悬着绳索在清理膜枕的内部）。孔洞中的通风管在冬季会被关闭以便贮藏热能，在需要降低温度时则会打开。设计者们为了更近一步地降低能源消耗，仅在观众席区域安装座椅空调，而在游泳池的下层安装制冷设备。

LED环绕着4000多个泡泡，使得建筑管理者可以用任意的色彩组合点亮水立方。不过设计组希望他们只使用水的颜色：蓝和绿色系。博塞说："我愿意这些颜色营造一种水下的感觉。"

这座建筑似乎在媒体与中国公众中很受追捧。5月，在800英里（1287km）之外的宁波，成群的人聚在一个啤酒公司的模拟水立方模型前合影。人们的确难以抗拒这样一座将泡泡的流体动力学与巨大盒子的精准几何结合起来的建筑。

项目：国家游泳中心

设计团队：PTW Architects + CSCEC+Design + Arup——John Bilmon, Mark Butler, Chris Bosse, Zhao Xiaojun, Wang Min, Shang Hong, Tristram Carfrae, Peter Macdonald, Kenneth Ma, Haico Schepers

给该项目评定等级，请登陆 architecturalrecord.com/projects/.

照射到建筑上的太阳能中有20%被贮藏在两层ETFE膜之间，用来给泳池及其他空间加热，例如门厅（下图）。主泳厅可以容纳17000名观众

1. 门厅
2. 奥林匹克游泳大厅
3. 水球厅
4. 休闲公园大厅
5. 贵宾室
6. 媒体
7. 零售
8. 餐饮

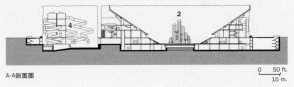

A-A剖面图

0　50 ft.
15 m.

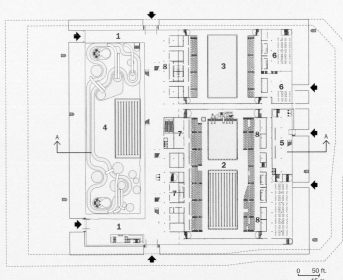

0　50 ft.
15 m.

By Jen Lin-Liu 姚彦彬 译 戴春 校

当朱锫和他的合作人吴桐开始设计位于国家奥林匹克体育中心西边的数字北京项目时，国家游泳中心和国家体育场已经在建设中。

面对水立方和鸟巢这样以形象命名的图像式建筑，他们不是去重复模仿，而是决定为奥林匹克赛场建造一个起烘托作用的背景建筑（朱锫于2005年就已经赢得了这个项目的委托，当时他是都市实践的合伙人之一，还未成立自己的公司）。

"它们的外表如此纯净、雅致。"朱锫说道，"我们想要设计一个未经雕琢的、阳刚的、原真的建筑。"毗邻这两个受到媒体大肆宣扬的建筑，数字北京

Jen Lin-Liu 为驻北京的新闻记者。

能够将中国目前发展的 "真正面貌"还原出来。

数字北京高9层、面积达100万ft²（92900m²），巍然耸立于表面布满气泡的水立方和曲线优美的鸟巢西北边。它最终将会成为2008年奥林匹克运动会的控制中心、技术安全团队总部以及网络中心，布置现今数字时代服务于比赛的路由器、计算机和服务器。赛后，建筑地下一层的未来风格空间将会进行高科技展览——巨大的波浪形墙面、地板和其他墙面均采用半透明的聚碳酸酯制造。而对于一层以上部分的楼层，诸如中国移动等电信公司将会在东面设立办公点。

设计的灵感来自于计算机电路板，朱锫和吴桐将建筑设计成四个平行的楼层，以回应电脑主板的形式。西边三层安置了建筑中绝大部分的电子设备仪器，并设置了隔间为这些数字设备提供必要的通风。建筑北立面和南立面不开设窗户，用以保护设备避免日光照射。最东边的楼层作为办公空间，主要用来服务于人而非设备。从远处看，整栋建筑就像是一个穿着灰色花岗石的忧郁哨兵。但当你靠近时，就会看到嵌进建筑西立面轻盈而奔放的垂直玻璃带以及地面上水平延续的半透明玻璃带，它们彼此相连并在夜晚熠熠发光。多数人将从面对着奥林匹克主赛场的建筑东面进入，朱锫和吴桐将这一面的设计与西立面颠倒，在这里玻璃代替了花岗石成为立面上的主要材质，曲折的带状玻璃变成了垂直的LED光带。

数字北京
朱锫建筑师事务所赋予网络中心21世纪中国风味
Digital Beijing
Studio Pei-Zhu invests this hub with a 21st-century Chinese vibe

东立面，面对奥林匹克主赛场，是公众入口所在，其玻璃和LED外表面可以展示旋转艺术（rotating art）作品

西立面（本页，左图）垂直带状镶嵌玻璃是电脑芯片的象征。夜晚西立面上的玻璃窗（对页，上图）点亮。翡翠般的聚碳酸酯天桥和大厅（对页，中图）表面以及展览空间（对页，下图）与外部的花岗石面板形成对比

从数字北京的东面过来，会经过一个与建筑形成一定角度的石板路上的反射池。如果光线好，可以在反射池中看见数字北京波光粼粼的影像，同时也反射出水立方和鸟巢的建筑影像。进入建筑内部，通过半透明的、翡翠般的聚碳酸酯天桥，将看到位于地下一层的展览空间。对于公众，他们所能看见的仅是宽敞的休息大厅和展览空间。但是对于在建筑里工作的人员则能走的更深，他们经过电梯厅进入到办公室，或者进入到安置大批电子仪器的设备层。

由于数字北京的功能定位为奥林匹克的"大脑"，朱锫和吴桐认为用建筑学的"头骨（skull）"对它保护也同样重要——石灰岩的外壳传递出安全的感觉。在公共立面这一边，设计了清晰的

立面形式以表达欢迎和活跃的气氛。为了使公共立面更富有生气，还将其设计成能够自由展示光学艺术家们才能的巨大"画布"，纽约艺术家Jennifer Ma将成为今年夏天第一个使用东立面LED光带及其余部分的人。在晚上西立面将被从地面射出的柔和线偏振光束照亮，与东面充满活力的LED展览形成愉悦的对比。

与水立方和鸟巢那样的结构动力学和创新性表皮不同，数字北京采用直截了当的混凝土框架结构系统和石头、混凝土这样"最普通"的材料，朱锫认为这些材料更加贴近自然。"我认为这很中国化——用最基本的材料建造高科技的、没有繁琐细节的建筑。这也是我从以往做过的工程中得出的经验，而且不会超过预算。"朱锫笑着说。

朱锫和吴桐将数字北京设计成外国建筑师所设计的主体育场的衬托，"当人们谈论中国建筑时，他们总是会想起那些传统的、历史的东西，"朱锫说，"他们没有中国新建筑的概念。而大多数概念则来源于西方。"作为一个完全由中国建筑师事务所设计的奥林匹克建筑项目，朱锫感觉到有为现在的中国建筑作定义的责任。他还说："我称它为非建筑（nonarchitecture）。"

项目：数字北京
建筑师：朱锫建筑师事务所和都市实践——朱培、吴桐、王辉、Frisly Colop-Morales、何帆、杨超、薛东、刘闻天、李淳、林琳、田琪、Mark Broom、曾晓明

给该项目评定等级，请登陆 architecturalrecord.com/projects/.

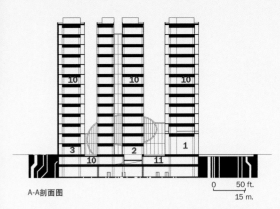

A-A剖面图

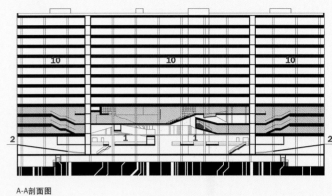

A-A剖面图

1. 入口大厅　　　　7. 开放空间
2. 停车入口　　　　8. 多媒体中心
3. 商务中心　　　　9. 展览空间
4. 邮政营业厅　　　10. 办公室
5. 服务处　　　　　11. 停车处
6. 展览大厅

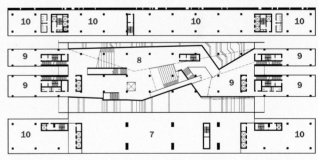

三层平面图

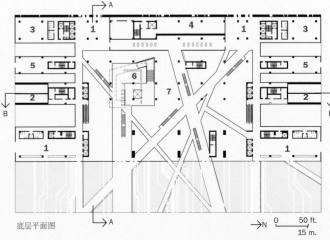

底层平面图

奥林匹克公园
佐佐木建筑师事务所

2001年7月，北京赢得了2008年奥运会的举办权，相继而来的诸多事宜便如火如荼地迅速开展起来。此后不久，中国奥组委从96个参赛选手中，选择了位于波士顿和旧金山的佐佐木建筑师事务所（Sasaki Associates）设计奥林匹克公园，该公园基地位于紫禁城以北5英里（约8km）。佐佐木认为他们的方案不仅仅是只为奥运会，更重要的是要将2800英亩的场地与整个城市的肌理整合起来。事务所认为，使用功能混合的开发方式将会把奥林匹克公园扩展到东部和西部，并在公共和私密两种不同区域内创造出紧密的联系。这种方式同时也将现有的城市街道网格延伸到了奥运主场地，把新旧两种肌理编织到了一起。佐佐木的设计包括了关键的三个部分：北部的森林公园、斜向的奥林匹克轴线和文化轴线。奥林匹克轴线连接了曾经用于1985年亚运会的体育场馆和新的奥运场馆；文化轴线发端于天安门广场北部的紫禁城，是古代皇帝时期城市轴线的延长线。尽管奥林匹克公园包含了比赛中使用的31个场馆中的一半，但却没有一个场馆位于文化轴线上。正如佐佐木建筑师事务所主管丹尼斯·派普斯先生（Dennis Pieprz）所说：“我们希望人们可以在奥林匹克公园的中心区域停留，所以我们保留了主轴线，并利用两座主要的图标式建筑勾勒出了公共空间的轮廓。”佐佐木的设计是将奥运会的两个图标式建筑——国家体育场和国家游泳中心——设置在轴线的两边。沿着奥林匹克公园，一条新的地铁路线将在今年夏天启用，并在沿线设置了很多站点。尽管佐佐木建筑师事务所并未参与景观设计，但是一条运河和三条线性的步行路仍然呈龙尾状，派普斯先生说，“它们象征性地连接了森林公园，奥体中心区和亚运会场地。”

奥林匹克箭术场地
布莱·沃尔·尼尔德(Bligh Voller Nield)和中建国际(China Construction Design International)

奥林匹克箭术场地是临时的比赛场地，面积达到9.3万ft²（8640m²），由三部分组成：一个分组预赛场地和两个奖牌竞赛场地。赛场内总共设置了5384个座位。在决赛场地内，箭术爱好者可以坐在46ft（14m）高的看台上观看比赛，这是所有户外赛场中最高的座位。奥运会后，预制钢结构框架连同其他材料都将被再次循环利用。

其他奥林匹克赛场
更多服务于奥运会的体育场馆，而不仅仅是

Other Olympic Venues
There are more to these Games than just two iconic buildings

By Jennifer Richter 姚彦彬 译 戴春 校

奥林匹克网球中心
布莱·沃尔·尼尔德和中建国际

在奥林匹克森林公园人造山的西部，面积为28.5万ft²的（26477m²）奥林匹克网球中心占据了41英亩（16.5hm²）的场地。它由分布在4个平地上的10个赛场组成，可以容纳1.74万观众观看比赛。建筑师设计了3个建筑物围合主赛场，形成12边形，象征着荷花的12个花瓣，表达荷花与中国文化源远流长的联系。所有赛场的废水将回收利用，统一处理用以浇灌、冲洗，太阳能蓄电池可以用来加热建筑中的水。其他的绿色节能措施还包括地热系统和自然通风系统，前者仅用于其中的一个赛场而后者则用于所有的赛场。

奥林匹克篮球馆
北京市建筑设计研究院(Beijing Architecture Research Institute)

坐落于紫禁城西边的奥林匹克篮球馆，提供了1.8万个坐席，分布在地上4层和地下3层。建筑师设计了铝合金板包裹的建筑外皮。整栋建筑采用了太阳能电池板和雨水收集系统技术。按照北京市建筑设计研究院建筑师顾永辉的说法，篮球迷们将会享受到达到NBA标准的豪华软座席位，以及高清晰度的LED指示系统。

两座图标式建筑

会展中心
罗麦庄马香港有限公司
RMJM

在奥运会期间，这个290万ft²（269410m²）的建筑将会成为临时的国际广播中心，为记者们提供工作场地。超过2.1万的通讯记者和摄影记者将聚集在这里，从他们的工作室中传送出整个第29届奥运会的所有新闻和广播。此外，这栋建筑还将成为击剑和射击的比赛场馆。奥运会后，建筑内部将被重新改造，从而建设成为中国会展中心。

奥林匹克国家体育馆
Glöckner3 建筑事务所 以及
Städtebau GmbH与北京建筑设计院

位于水立方北边的国家体育馆将会成为奥运会体操、蹦床、手球赛事的主场馆，以及随后残奥会轮椅篮球项目的赛场。场馆提供了87.3万ft²（81100m²）的比赛空间以及1.8万ft²（1672m²）的席位空间。建筑师将建筑设计成了一把打开的中国扇子，其外表运用高科技的幕墙包裹。幕墙由置于1124块发电光电板（energy-generating photovoltaic panels）前面的低辐射玻璃（low-e glass）组成，面积达到20.5万ft²（19044m2）。整个体育馆的建造费用大约是1.25亿美元。

其他奥林匹克竞赛场

顺义奥林匹克水上公园
布莱·沃尔·尼尔德和
易道景观咨询有限公司
(EDAW)

位于北京东北部，毗邻北京首都国际机场的顺义奥林匹克水上公园，将作为皮划艇比赛的赛场。赛场场地面积达34.3万ft²（31865m²），是所有奥林匹克赛场中最大的，设有1200个固定座位、1.58万个临时座位，以及1万个站席。方案还额外规划了居住和商业开发以及在奥运会结束后把它作为当地居民的游泳胜地。

奥林匹克曲棍球场
布莱·沃尔·尼尔德和中建
国际

16.7万ft²（15514m²）的奥林匹克公园曲棍球场是另一个临时赛场，它由2个场地和14个辅助场馆构成。位于西端的场地A将被用来作为决赛赛场，可容纳1.2万名观众。位于东端的场地B是初赛赛场，可容纳5000名观众。奥运会结束后，曲棍球场地连同箭术场地将会一起作为奥林匹克森林公园的延伸，成为公园用地。

顶棚下面的纵向板条贯穿于整个2英里（约3.2km）长的建筑，指引着旅客需要到达的方向，同时又朦胧地透出了嵌有大面积天窗的红色屋顶

Beijing Capital International Airport
FOSTER and ARUP make the building's huge size feel uplifting, not monstrous

By Jen Lin-Liu 姚彦彬 译 戴春 校

当福斯特建筑事务所（Foster +Partners）和奥雅纳工程顾问公司开始合作设计北京首都国际机场T3航站楼（Terminal 3 at Beijing Capital International Airport）的时候，就得知整个工程的设计和施工过程将不足4年。福斯特的首席执行官Mouzhan Majidi说："工程的最后期限从一开始就成为了最关键的因素。"

当地的上万居民很快被转移安置，居民区随即被铲平。福斯特至此之前还未在北京有过项目，但他在10天内就在北京建立起了工作室。在工程最繁忙的时期，有5万工人同时在现场工作，应用了大量当地材料进行建造。4年之后，这座航站楼终于按时完工（与之相比，伦敦希斯罗机场（Heathrow）T5航站楼从设计到完工花费了20年的时间）。最终在世界众多机场建筑中，T3航站楼不仅是最大的，也是最好的。它在使用上直观而高效，并重新设想了旅客和交通工具之间的流线问题。

T3航站楼造价36.5亿元，面积将近1400万ft²（1300600m²），比福斯特和奥雅纳之前合作设计的香港赤腊角（Chep Lap Kok）国际机场还要大两倍。整个航站楼由三部分建筑组成，并形成2英里（3.2km）长的南北向轴线，在平面上看起来像是一个被拉长的沙漏形状。旅客们从南端进入建筑，在那里可以感受到航站楼巨大的体量：高耸的屋顶距离地面148ft（45m），然后向两侧逐渐降低到49ft（15m）。顶棚中间的柱子被漆成红色，外围的柱子褪晕成橙色，其他的地方则是黄色。这种精益求精的色彩设计既展现了中国的传统主题，又避免了落入陈规。

航站楼的北端是国际进出港，其形状与入口相对称。与其相连的狭窄指廊（a narrow finger building）延伸出来提供了额外的进出港，以满足奥林匹克运动会以及将来不断增长的旅客吞吐量。两个飞机跑道，一个尚未建成，它们像三明治一样分隔了三个空间，而两个飞机滑行道切断了中间的连接。入口南边，椭圆形交通中转站中的地铁和机场大巴使旅客15分钟内就可到达市区。

即使所有活动都在一个巨型屋顶下展开，福斯特和奥雅纳设计的这个航站楼也能使得旅客们在机场行程中 "没有焦虑"，Majidi说。中心轴线的平面，将引导旅客从登记处到国内以及国际出发港，最大可能地避免了其他航站楼中呈凸出状的旅客汇集大厅，同时室内顶棚上具有单向运动趋势的肋条设计还为旅客提供了明确的指向性。

这都得益于先前机场建造的经验，福斯特始终将机场建成为一个平滑的转换点。早在20世纪80年代，福斯特位于伦敦的公司就开始在斯坦斯特（Stansted）附近设计机场建筑，他们先画机场图表，然后将之倒转，把办公空间和服务空间设置在

从左上角开始顺时针：突出
于房顶的锥形天窗象征龙的
鳞片；屋顶种满植被的停车
库环绕着地面上的交通中转
站；即将出发的旅客从长达
2625ft（800m）的蜿蜒屋
顶下进入航站楼

摄影：©Tim Griffith，除非注明．Nigel Young/福斯特建筑事务所（首页图．本页上左图和底图．下页图）

1. 地面交通中转站
2. 国内出发港与到达港建筑
3. 国际出发港与到达港建筑

南剖面图

空中的天桥跨越巨大的空间，方便即将出发的旅客到达登记处，下层到站旅客可以清晰地看到接机人员并迅速找寻进入城市的交通工具

北剖面图

0 100 ft.
30 m.

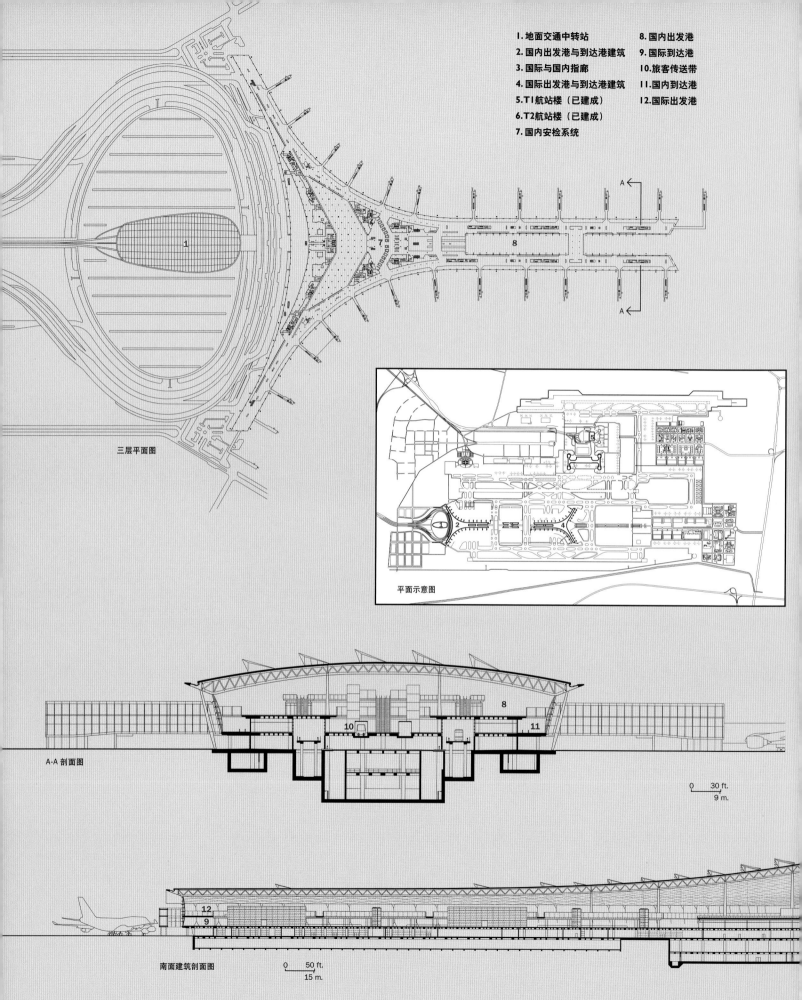

1. 地面交通中转站　　8. 国内出发港
2. 国内出发港与到达港建筑　9. 国际到达港
3. 国际与国内指廊　　10. 旅客传送带
4. 国际出发港与到达港建筑　11. 国内到达港
5. T1航站楼（已建成）　12. 国际出发港
6. T2航站楼（已建成）
7. 国内安检系统

三层平面图

平面示意图

A-A 剖面图

0 30 ft.
　　9 m.

南面建筑剖面图

0 50 ft.
　　15 m.

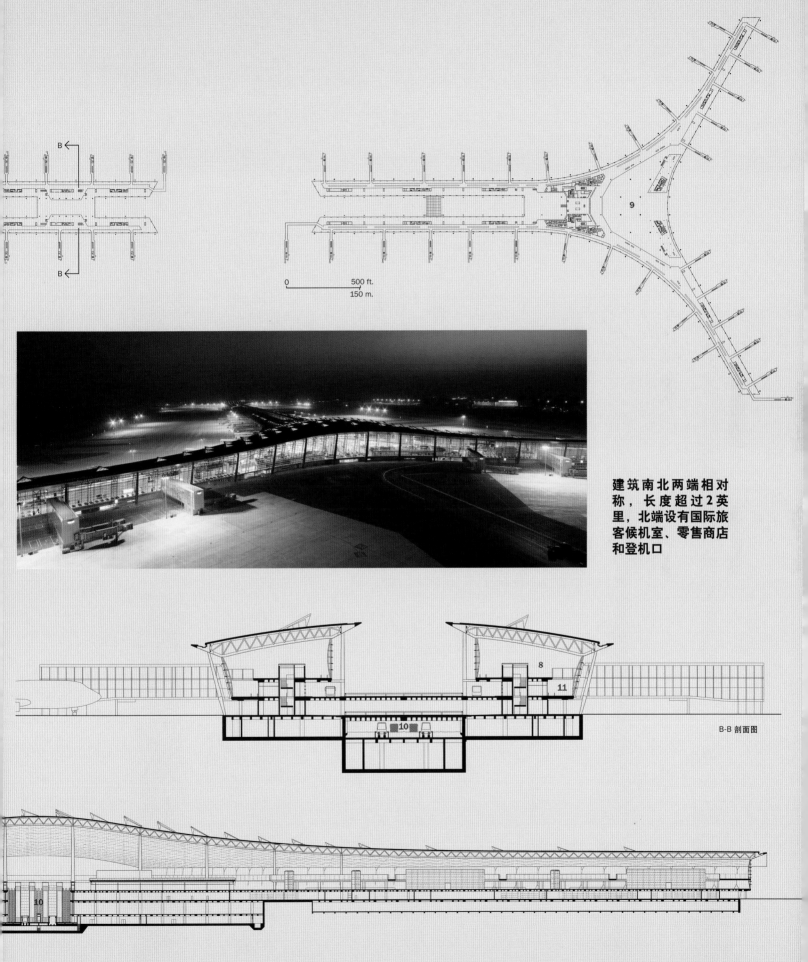

建筑南北两端相对
称，长度超过2英
里，北端设有国际旅
客候机室、零售商店
和登机口

B-B 剖面图

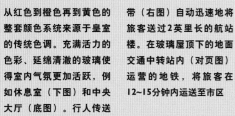

从红色到橙色再到黄色的整套颜色系统来源于皇室的传统色调。充满活力的色彩、延绵清澈的玻璃使得室内气氛更加活跃，例如休息室（下图）和中央大厅（底图）。行人传送带（右图）自动迅速地将旅客送过2英里长的航站楼。在玻璃屋顶下的地面交通中转站内（对页图）运营的地铁，将旅客在12~15分钟内运送至市区

摄影：Nigel Young/福斯特建筑事务所（对页，上左图）

公共空间的下面，升起的顶棚和屋顶天窗是其特征。"屋顶成为了引导旅客通往登机口的工具，它起到了欢迎、指引和导向的作用。" Majidi说。

在T3航站楼项目中，福斯特和奥雅纳的设计迈出了更为深远的一步，他们更加关注旅客的舒适感和视野。国际旅客在航站楼北端的空中中庭到达，该中庭的玻璃窗子与入口登记处的一样，其顶棚也是148ft（45m）高。地下铁路把三座建筑联接起来，减少了旅客的行走距离。但建筑师也承认由于候机楼体量巨大，内部交通流线的效率有限，从登记处到最远的登机口大约需要花费15~20分钟。

"我们想真正演绎这样一种到达的感觉。我们想要设计这样一个入口：它会告诉你到达的地方是哪里以及中国的文化。" Majidi说道。的确，整个候机楼充满了中国传统的元素，这得益于这位伦敦风水专家的帮助。尽管在南北两端的中心，房顶逐渐膨大，突出的三角形天窗呼应了龙的鳞片形象，但事实上这个航站楼并非像福斯特勋爵说的那样像一条龙。中间的轴线是对中国古代城市特征的表达；而室内的列柱所呈现的红、橙、黄颜色则是对中国皇室色彩的重现。但福斯特重新将这些符号赋予了现代的抽象概念，例如肋条状的顶棚贯穿整个航站楼，朦胧地透出屋顶上的红色。

可持续性发展策略贯穿始终，航站楼的设计展现了中国很多先进的技术。例如，面向东南方的天窗和整栋建筑外围的玻璃幕，会最大可能将自然光漫射进来。电子传感器依据建筑日照强度的变化控制天花板上的光照强度，虽然使得这里的光线比起其它登机楼来说要稍微昏暗一些，但却更加省电，并增强了Majidi所谓的"镇定作用"。雨水采集装置则将屋顶的雨水用于室内厕所的冲洗和周边绿地的灌溉。

T3航站楼的建造耗时之短是非常有中国特色的。谈到中国的建筑工业时，Majidi说："这里的进度要比起他们做过的其他工程快了近10倍。"但是中国航空业的发展速度更快，每年要承受大约5000万人次左右的旅客吞吐量，即使T3航站楼也不能满足这样的需求，政府官员们已经着手考虑在北京东南边再建一个机场，并预计于2015年投入使用。粗略估计在全中国将会有400个新机场投入建设，而福斯特建筑事务所还未得到其中项目的委托，他们希望中国建筑师能够从T3航站楼找到一些灵感。

项目：北京首都国际机场3号航站楼

建筑师：福斯特建筑事务所——Norman Foster, Mouzhan Majidi, Brian Timmoney, Loretta Law, Steven Chiu, Jonathan Parr, Michael Gentz, Luke Fox, Richard Hawkins

合作建筑师：北京市建筑设计院

工程师：奥雅纳工程顾问公司（结构，设备）

给该项目评定等级，请登陆 architecturalrecord. com/projects/.

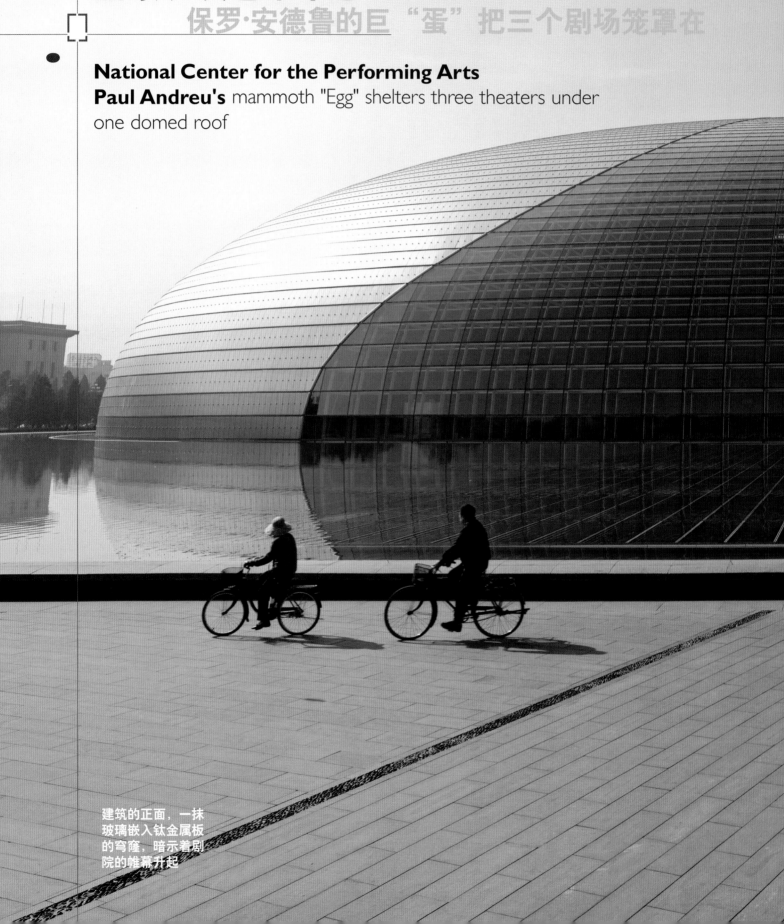

国家表演艺术中心

保罗·安德鲁的巨"蛋"把三个剧场笼罩在

National Center for the Performing Arts
Paul Andreu's mammoth "Egg" shelters three theaters under one domed roof

建筑的正面，一抹
玻璃嵌入钛金属板
的穹窿，暗示着剧
院的帷幕升起

By Fred A. Bernstein 孙田 译 钟文凯 校

如

果一幢建筑会遭到品头论足，那就是保罗·安德鲁在故宫、天安门广场和巨大的人民大会堂旁设计的国家表演艺术中心（National Center for the Performing Arts）。安德鲁赢得了由政府主办的竞赛——竞赛意在给北京带来一座可以与纽约的林肯中心相提并论的文化综合体，他将3座独立的表演大厅置于一座玻璃和钛金属板的屋顶之下。综合体有着令人惊讶的240万ft²（合222960m²）面积，屋顶将其化约为一个简单的形式，通称为"蛋"。显然，某

Fred A. Bernstein是住在纽约的作家，曾获2008年Oculus优秀建筑新闻作品奖（拉丁文：眼睛，指穹窿顶的小圆天窗）。

种统一的姿态是必需的，若非如此，这幢建筑何以在其纪念性的邻居中自证其身？

但是，安德鲁的"蛋"在形状和色调上都是平淡的（钛金属板有拉丝肌理，也许是为了防止眩光——虽然北京受污染的空气通常也起到同样的作用）。而且，"蛋"的细节如此周到，以致其表面了无尺度感；除非是在擦窗人攀爬于外表面的时候，否则无法领会建筑的规模。最终，就投入的所有时间（8年）和金钱（至少4亿美元，在一个工程造价极低的国家）而言，巨"蛋"算不上是"重拳出击"。

更糟糕的是，这幢建筑（原称国家大剧院）可能引起似曾相识之感。这座

城市的新机场，由福斯特及其合伙人事务所设计，包括一座扁平的玻璃穹窿之下的地铁站。数以百万计的人会在看见这个穹窿之前先见到那一个。的确，安德鲁的版本由焊接钢桁架支撑，从内部看尤其优雅。但是绝大多数访客不会入内（让安德鲁失望的是，丝绒绳阻止了人群越过票窗）。确实，3个剧场的尺度不大，如果穹窿的目的仅在提供遮蔽，则它远大于其所应为，更近于眩惑剧场观众。同时，这座玻璃之下的城市采暖、制冷的环境代价是巨大的——建筑师说分区的采暖通风与空调系统降低了能源消耗，但是他承认，以西方标准而言，这座建筑并不绿色。

安德鲁将这个他称为文化岛屿的

1 舞台
2 楼座
3 图书资料中心
4 技术顶棚

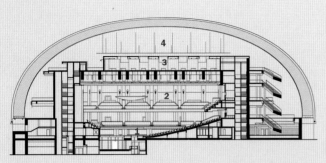

音乐厅剖面图

1 舞台
2 乐队席
3 包厢
4 后台
5 技术空间
6 公众流线
7 休息厅

反射水池下的长过道（上图）从城市街道引入建筑的公共大厅。（对页图，上方左起）：金属网帘墙的歌剧院、顶棚起伏的音乐厅和条状丝织品饰墙的

用于传统中国戏曲演出的戏剧场，都是独立的厅堂，先于现在笼罩它们的蛋状穹顶建成

1 水下长廊
2 歌剧院
3 戏剧场
4 音乐厅
5 水池

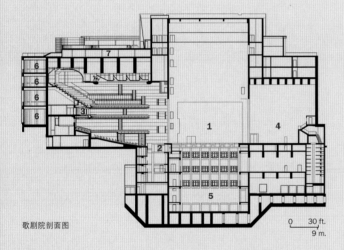

歌剧院剖面图

0   30 ft.
    9 m.

1 舞台
2 乐队席
3 第一层楼座
4 第二层楼座
5 技术空间
6 展览空间
7 公众流线

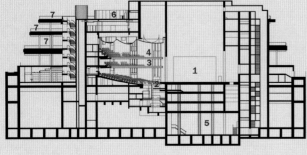

剧院剖面图

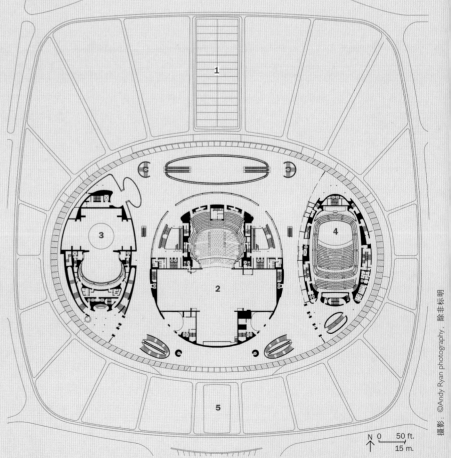

N   0   50 ft.
        15 m.

自动扶梯自水下过道通往歌剧院居中的公共大厅，一家餐厅位于歌剧厅的室内"屋顶"之上

安德鲁自己雕塑了分隔公
共大厅地面不同种大理石
的铜隔件。上部，巴西红
木板柔化了大面积的玻璃
和金属

自动扶梯将乘客从主大堂带入3个演出厅中最大（图左）和最小的两座的上层

摄影：©Paul Maurer，本页图

巨蛋置于一座宽广的反射水池中。岛屿之喻要求藏匿建筑的入口，于是，基地前方一座大楼梯向下直达一条地下的长通道，让人想起泡泡糖贩卖机上的投币孔。这条过道有着玻璃顶，可是，向上看透一池浅水并无听起来那般动人。

在过道的末端，自动扶梯将访客向上带入穹顶中。在覆盖公共大厅的地面、墙面和弯曲的顶棚方面，安德鲁似乎决意要用上他能找到的每一种大理石、木材和金属。的确，以华美木纹为饰的穹窿顶棚，是一个强有力的统一元素。如果有许多表面要装饰，那是因为不经修饰的所有一切——这座建筑的内脏——在地下。当然，迷宫般的"后屋"，3个地下层，必须与上层连接。如此这般，据安德鲁称，这座建筑需要78座客用电梯和超过30座自动扶梯。

幸运的是，几座剧场本身悦目怡情。超过2400个座位的歌剧院，内外由金色调的铝和不锈钢网帘（由德国GKD生产）包裹；效果柔和优雅。第二大的空间是音乐厅，约2000个座位环绕中心乐队席。其顶棚是起伏的玻璃钢表面雕塑，依据安德鲁的石膏模型制作。在3个剧场中最小的一个，即拥有1000座位的用于传统中国戏曲演出的戏剧场中，墙面软包为橙色调、紫色调和红色调的中国丝织品。对听过3个演出厅彩排的聆听者而言，声学效果棒极了（在歌剧院的例子中，法国声学顾问CSTB的Jean-Paul Vian，将安德鲁对弯曲表面的渴望和长方体声学优势之间的巧妙妥协描述为：建筑师将声学上透明而视觉上不透明的金属网材表面披挂在一个砖石的鞋盒子里）。

对一座如此巨大且如此雄心勃勃的建筑而言，将职业生涯的大部分时间投入机场设计的安德鲁是合乎逻辑的设计人选。而且，他的巨蛋包含一些过人之处。但是他的客户——着迷于西方建筑的中国——却不懂得适可而止。

项目：国家表演艺术中心，北京
建筑师：巴黎保罗·安德鲁建筑师事务所——Paul Andreu，负责人；François Tamisier，Serge Carillion, Olivia Faury, Mario Flory, Hervé Langlais，项目建筑师
合作建筑师：Aeroports de Paris Ingenierie(巴黎机场工程公司)；北京建筑设计研究院
顾问：Centre Technique et Scientifique du Bâtiment（建筑科技中心，声学）

给该项目评定等级，请登陆 architecturalrecord.com/projects/.

中国中央电视台新总部大楼
OMA和奥雅纳挑战传统摩天大楼：巨环而非高塔

China Central Television
OMA and **Arup** reimagine the skyscraper as a giant loop rather than a tower

By Janice Tuchman　徐迪彦 译　戴春 校

中国中央电视台新总部大楼，以其激进的环状结构对人们传统概念中的摩天大楼外型发起了挑战。其位于36层高空的悬臂结构夺人眼球，立面上覆盖着斜肋构架的连续筒状结构承受着大楼结构的应力。这些亮点使它甚至还没有完全竣工就成为了北京的一个地标性建筑。

作为大楼的业主，尽管中国中央电视台是国家副部级事业单位，在时事新闻的宣传上代表着中国共产党的官方立场，但是其大部分的节目还是面向普通民众的喜剧片、戏剧和肥皂剧等。的确，它接受中央政府的领导，但是它也不得不迎合日益增长的普通观众的需求。在CCTV的领导们看来，新颖的总部大楼也是吸引观众注意力的方式之一。

库哈斯（Rem Koolhaas）的大都会建筑事务所（OMA）与英国奥雅纳工程顾问公司一起，联合一家本地建筑和工程设计研究机构——华东建筑设计研究院（ECADI）于2002年在CCTV大楼项目设计竞赛中获胜。OMA事

Janice Tuchman是《Engineering News-Record》的主编。

务所负责该项目的合伙人及北京分部负责人奥雷·舍人（Ole Scheeren）回忆说，那时的北京，"曾有一个长远计划，把这里所有的东西都拆除，替之以林立的高楼大厦，从而建成北京的新CBD区"。OMA事务所目睹了这些年来摩天大楼在城市中角色的变化，即从最初作为驱动城市发展的催化剂逐渐沦落到纯粹追求最大利益的商业工具。在此过程中，业主和设计师们不顾一切地想要引起民众对他们作品的注意。正如奥雷·舍人所指出的，一幢高楼还没有竣工，就有另一幢高楼号称要刷新高度纪录，这样的"高度竞赛"毫无意义。他注意到人们在面对这些高楼时会产生"视觉失聪"现象，即无论从哪个方向看都毫无分别。OMA事务所希望重铸城市空间，使得他们能够"表明"建筑内部功能的运作情况。它提出的环状结构将电视台内部的一系列运作流程紧密地联系起来，并"将各个环节的线性运作分散到等分的空间里，形成连续与循环的空间布局，不分头尾，无论先后"，奥雷舍人解释说。

按照设计，CCTV总部大楼把办公室、新闻采集和制作空间、节目录制室以及节目播出设施安排在一个连续的环形结构里，连接成一

系列紧密联系的活动。设计的概念是要消除组织孤岛，激发创造力和促进合作。项目还包括一个与主体建筑毗连的景观媒体公园以及一座附楼。附楼为电视文化中心（TVCC），里面包括酒店、剧院、餐厅、舞厅和会议室等公共设施。另外还有一座仅几层楼高的圆形建筑，主要为两座大楼提供机械设备、电力和能源设施等。

CCTV新大楼主体建筑高约230m，建筑面积约47万m²，由两座向内6°角倾斜的塔楼组成。两座塔楼底部由一个9层高的基座连接，而顶部从第三十六层开始由一个13层高的"悬臂"连接。这个被奥雷·舍人称为"城市高地"的悬臂结构，将地面空间提升到高空，却也更接近普通民众。基座和塔楼在底部围成了一个公共广场，通过广场可以到达建筑的地下部分，一共4层。虽然建筑内的大部分面积将留给CCTV的员工使用，普通民众仍可以通过一条环形线路来见识一下电视台内部的运作流程——从播出、制作到正在录制节目的演员和名人。这条公共环线将包括在悬臂结构内的一个观景区。从观景区可以俯瞰北京城，甚至还可以透过地板上的三块圆形"窗户"直接看

CCTV新大楼高耸于北京东部，这里有毛泽东时代建造的许多工厂（照片右侧）。而今天，这个区域（照片另一侧，照片上方和中间）正快速地成为一个新的云集了现代化酒店、高层办公楼和购物中心的中央商务区

到脚下地面广场的风景。

正如奥雅纳公司早先决定的，实现这个建筑结构的最佳方法就将立面作为一个连续的筒状结构，这样能承受建筑的大部分重力，以及强风和地震的冲击，然后再用一个规则的有对角线的网格结构将这个筒状体加固。奥雅纳公司用一种四层的菱形网格组件"啮合"在筒状结构表面，并用垂直重力和横向力进行了测试分析。"测试结果显示，结构的各个部分承受的压力千差万别。"奥雅纳公司北京办事处主管若瑞·麦高恩解释说，"我们可以先使用一个规则的结构，然后再根据受力的大小来调整各个组件的尺寸。但是受力程度的差别实在太大，因此我们决定保持对角线的尺寸不变，然后根据需要来改变网格的密度，在受力大的区域将网格密度放大到2倍或4倍，而在负荷小的区域则可以将网格密度缩小到1/2或1/4。最后在立面上形成环绕大楼的图案，而这并非刻意而为。"

奥雷·舍人补充说，"这幢建筑在结构上和电视节目制作流程上存在着一种直观的一致性，因为整个项目强调的就是连续性。设计这幢建筑的出发点就是将节目的整个流程平等地连接起来，不突出其中任何一个环节。"

两幢塔楼的核心结构——容纳了电梯、楼梯和机械升降设备——以及一个支柱系统与地面垂直，并帮助支撑楼面。由于支柱的中心线不能直接从倾斜塔楼的底部到达顶部，所以在楼的中部设有两层楼厚的桁架来承转负荷。整幢大楼将建有79座电梯，其中包括16座双层轿厢电梯。

麦高恩对有些人认为建造CCTV大楼会过度耗费资源和导致结构过于花哨的观点进行了反驳，"每当某些不同寻常或大胆创新的事物出现的时候，总会马上招来认为其是荒谬的质疑。"但是CCTV大楼的每平方米用钢量是0.39t，与附近一幢新建的高得多但是设计简单的大楼相当，而与另外一幢使用重型桁架结构来达到抗震目的的大楼相比，每平方米用钢量只有它的一半。虽然中国建筑抗震设计规范一般要求达到"重型的工程结构"，麦高恩解释说，但是CCTV大楼的创新设计已经通过了一个专门基于抗震性能的评测，因此它的结构能够保持轻巧而优雅。

大楼建设始于2005年，由中国建筑集团总公司总承包，完成桩基施工近1300根。由于与桩基集成为一体，大楼的12万m³超厚大体积承台基础筏板可以克服由两座倾斜的塔楼和它们之间著名的悬臂带来的倾覆力矩。

尽管项目的主要结构已经完工，其立面的大部分也将于今年8月奥运会前安装到位，但是其主体建筑要到2009年底才能投入使用。到那时，我们才能知道OMA事务所和奥雅纳公司对于传统摩天大楼的颠覆有多成功。但是，在建的CCTV大楼早已吸引了无数路人的目光。

项目名称：中国中央电视台新总部大楼
建筑师：大都会建筑事务所（OMA）——Ole Scheeren, Rem Koolhaas, Dongmei Yao, Charles Berman, David Chacon, Chris van Duijn, Erez Ella, Adrianne Fisher, Anu Leinonen, Andre Schmidt, Shohei Shigematsu, Hiromasa Shirai, Steven Smit
合作建筑工程设计单位：华东建筑设计研究院（ECADI）
结构工程师：奥雅纳工程顾问公司
幕墙设计顾问：Front
策略顾问：Qingyun Ma

给该项目评定等级，请登陆 architecturalrecord.com/projects/.

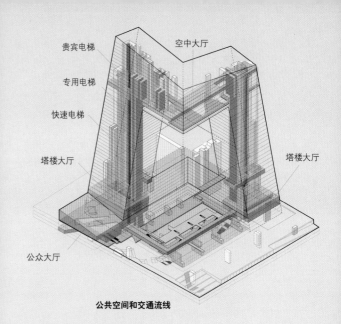

贵宾电梯　　　　　　　　空中大厅
专用电梯
快速电梯
塔楼大厅　　　　　　　　　　　　塔楼大厅
公众大厅

公共空间和交通流线

空中工作室
演播室　　　　　　　　　　　　　演播室
　　　　　　　　　　　　　　　　开放式演播室

演播室与播音室

TVCC　　　　CCTV

基础规划—呈现地块功能分区

行政部门
各类商业运营部门
新闻和播音
播音专业
制作
宾馆
公共设施
服务建筑
专用车库
保卫住处
媒体公园

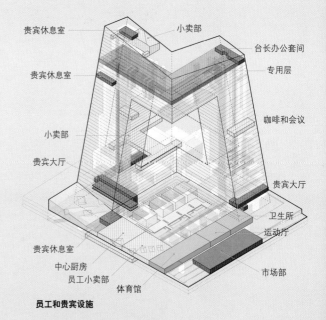

贵宾休息室　　　　　　　小卖部
　　　　　　　　　　　　　　　　台长办公套间
贵宾休息室　　　　　　　　　　　专用层
小卖部　　　　　　　　　　　　　咖啡和会议
贵宾大厅
贵宾休息室　　　　　　　　　　　贵宾大厅
　　　　　　　　　　　　　　　　卫生所
　　　　　　　　　　　　　　　　运动厅
贵宾休息室　　　　　　　　　　　市场部
　　　中心厨房
　　　员工小卖部
　　　　　　体育馆

员工和贵宾设施

中央电视台建筑内部功能规划布置

电视文化中心（TVCC）
与CCTV大楼毗邻，将集
酒店、剧院、餐厅和会议
室于一体

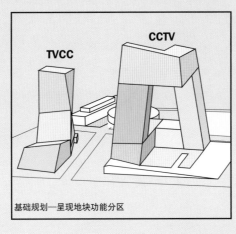

连接复合住宅群
斯蒂文·霍尔建筑设计事务所架起空中之廊

Linked Hybrid Housing
STEVEN HOLL ARCHITECTS makes
connections in the sky

该项目由现代集团（Modern Group）开发，22层的公寓塔楼群（右图）环绕着一个中心公园，内有圆柱形的宾馆（最右图）和综合社区电影院（无图片）。一座座廊桥在20层的高空中连接各栋建筑（上图），创造了一种"电影式的体验"，为观察建筑群整体或各个部分提供了丰富的视角，霍尔如是说

摄影：© Iwan Baan（上图和下右图），Andy Ryan（下左图）

By Clifford A. Pearson 姚彦彬 译 戴春 校

不同于这些年在北京兴建起来的其他独立式高层建筑，斯蒂文·霍尔和他的合伙人李虎设计了这个含有720个单元的综合体。在这个项目中，他们重点强调了不同功能建筑的相互联系，以及建筑与周围城市的关系。该项目预计将于今年年底入住，8座22层的住宅塔楼在20层的空中由一座座空中廊桥连接，这些廊桥并非仅仅为了交通，里面设有诸如艺术画廊、展览馆、商店、咖啡厅，甚至带游泳池的娱乐中心等。

除了所谓的"空中之环"外，建筑师还在建筑底层设计了商店、饭店和幼儿园，在地下室设计了可停放1000辆汽车的车位。加上复合式社区电影院、圆柱形宾馆，以及一个吸引居民进入的中央公园，整个建筑以开放的姿态面向周围环境。从地热井到中水回收系统，绿色设计策略在项目中扮演了一个重要的角色。660个地热井将提供大约5000kW的电能用于建筑中的制冷制热，而中水回收系统每天可以产生1.1万ft³（312m³）的中水用于冲洗厕所。此外，建筑师还特意使用回收铝板作为立面，并采用可迅速循环生长的材料（竹子）作为地板材料。斯蒂文·霍尔期望这个建在黄土地上、替代了原址上工厂的建筑项目，可以为他赢得LEED认证金奖。浇灌混凝土的外皮既是建筑的维护层又是结构层，消除了内部的柱子和梁，并依据内部的分隔提供了最大可能性的伸缩性。来自于佛教建筑的色彩将会使窗户檐口部分以及连接建筑的天桥、坡道底部更加栩栩生辉。

工程项目： 连接复合体
建筑师： 斯蒂文·霍尔建筑设计事务所
国内建筑师： 北京首都工程建筑设计有限公司
结构工程师： Guy Nordensson

给该项目评定等级，请登陆 architecturalrecord. com/projects/.

北京内部巨大的蓝色泡泡盒子
剖析水立方创新性的覆膜结构解决方案

Inside Beijing's Big Box of Blue Bubbles
Examining the Water Cube's innovative envelope-and-structure solution

多学科的设计团队采用创新性的数字化方法创造了一个令
人惊讶的高度完整的膜结构综合体

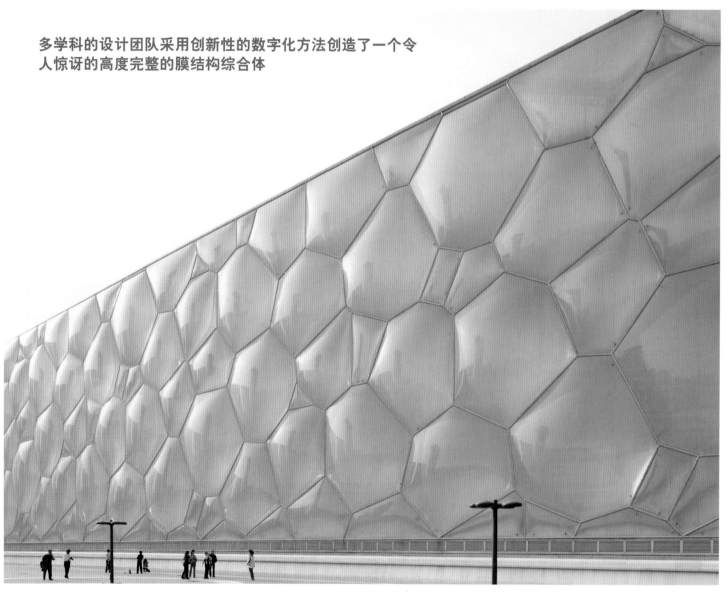

By Joann Gonchar, AIA 姚彦彬 译 戴春 校

北京2008夏季奥林匹克运动会开赛在即，为其设计的游泳、跳水比赛场馆被设想成一个和水有关的场馆——这似乎是对设计主题显而易见的选择。如果设计者的目的不仅仅只是建造一个容器，而是要抓住水的"灵魂"，那么就很容易认识到砖和灰泥的材料不仅不足以直截了当地表达如此概念，而且存在着更多的挑战。"我们想要建造一个非物质化的、情绪多变的、随周围环境改变与之相呼应的建筑。"该项目的国营设计机构中建国际（CCDI）的结构负责人王敏这样说。

尽管能够克服认识这些抽象概念的困难，但是，国家游泳中心国际

化、多学科的设计团队——建筑设计来自于澳大利亚PTW建筑师事务所，工程设计来自于英国奥雅纳工程顾问公司悉尼分公司，还有本土的中建国际设计顾问有限公司——却在共同为之努力。他们设计的建筑不仅生动地表达了水难以捉摸的特性，而且紧密整合了建筑表皮与结构的关系，最终还要符合奥运会级别体育赛事的展示要求。

当然，建筑师并没有将这个造价1亿美元、被称为水立方的方盒子建成砖和灰泥的。这个在2003年竞标中赢得项目的团队，选择了钢材和充满太空时代意味的塑料——四氯乙烯(ETFE)。这种材料，形同聚四氯乙烯（特氟隆）的兄妹，以半透明的气枕形式作为建筑的外表覆膜，不仅非

白天，漫射光提供了水立方内部的大部分照明，如图比赛用池（上图）。晚上，在LED的映射下蓝色的盒子熠熠生辉（底图）

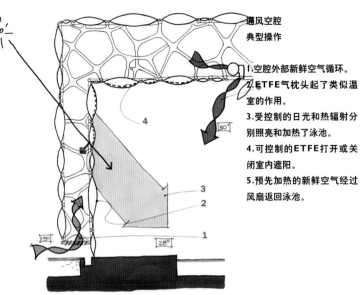

通风空腔
典型操作

1.空腔外部新鲜空气循环。
2.ETFE气枕头起了类似温室的作用。
3.受控制的日光和热辐射分别照亮和加热了泳池。
4.可控制的ETFE打开或关闭室内遮阳。
5.预先加热的新鲜空气经过风扇返回泳池。

除了可控制的遮阳系统以外，水立方的空心墙从竞标伊始就毫无改变地被实现了

常结实，而且可以抵抗紫外线和空气污染所行成的老化。使用这种将建筑包裹起来的方式，设计团队将游泳中心设计成了对外隔绝的温室，获取来源于太阳的热能和光能。ETFE比起玻璃要更适合于这种使用方式，设计团队做出了详尽的论述，认为它具有更好的音效和绝缘性能，并且由于是轻质材料，还减少了建筑表皮对次梁的负重。

为了使建筑的结构和ETFE覆膜能创造出设想的液体形式，设计团队探讨了肥皂泡沫的几何结构，并研习了爱尔兰物理学家维埃尔(Denis Weaire)和费兰(Robert Phelan)的理论。他们两人曾于1993年从泡沫结构中得到了开尔文问题（Kelvin problem，以19世纪英国数学家威廉·T·开尔文的名字命名）的解决方案，这个问题提问了如何以最小的接触面积将空间分割为两个均等的三维空间，他们的泡沫结构是由12或14个面的多面体组合而成，尽管非常规则，但这个蜂窝状的结构非常符合设计者的要求，因为"当以任意角度观察它的时候，它都呈现出完全随机的、有机组织的形象。"奥雅纳的工程师主管卡尔弗雷(Tristram Carfrae)说道。

维埃尔和费兰的泡沫结构成为了建筑结构深邃的理论基础。但尽管如此，在建筑上还是留有一个开放空间，可以清晰地辨别出它那"纯粹"的几何学关系——位于第二层的泡泡酒吧间。在这里，多面体的ETFE覆膜延伸到了可以喝香槟的房间内。

由于设计者采用了薄膜结构的方式，在建筑中的其他地方，潜在的几何学很难被识别出来。为了使建筑结构从泡沫理论结构中发展出来，来自CCDI的设计者撰写了一篇文章，讨论将无限个维埃尔-费兰单元集合在一起，在三维空间中旋转，然后将挤压的细胞切成一个平面长宽为584ft（178m）、高度为102ft（31m）的方盒子。然后，他们消减三个内部的空间分别作为跳水和游泳的比赛赛场、水球比赛的赛场，以及休闲中心。在这些实体的消减和解构之后，他们在剩下的泡沫结构中创造了一种空间框架，采用圆形节点的钢管取代多面体的边缘。他们决定将空间压缩至4000个泡沫状的充气ETFE气枕中，房顶中间25ft（7.6m）深的地方和墙体中间分别加入一根12ft（3.6m）宽的通风口，防止钢框架被水池的潮湿环境所腐蚀。

最终，看起来无序，实际上却严谨精确并可建造的结构及表皮联合体完全适应北京

多发地震的情况。现场焊接的跨度达到396ft（120m）的空间框架具有高效能、非线性、无方向性以及非常稳定的特点。由于减少了建筑的自重和横向负荷——这个通常在地震中危害较大的力量，重量仅占同体积玻璃幕墙重量1%的ETFE覆膜，有利于增强建筑的抗震性能，卡尔弗雷解释道。

ETFE空心墙和房顶同时还提供了热效能。双层表皮的设计能够获取来自太阳的热量，以便加热泳池、为建筑供暖、以及提供室内空间的采光。建筑可收集降落在其表面的20%的太阳能，依照奥雅纳的说法，相当于覆盖34万ft²（31586m²）的太阳能板。公司预算水立方在采光方面节省了30%的能量；比起加热具有良好细节、良好隔热能力的金属覆膜方盒子建筑来说，也能够节省一半的能量。

水立方的热量聚集来自于池水和周围环境中的混凝土在白天吸收并在夜晚释放出来的能量。双层的表皮能够在夏天排出多余的热量，并在

摄影：© IWAN BAAN（对页图 AND 右上图）；COURTESY PTW（下图）；DRAWING: ARUP（左图）

建筑技术 ARCHITECTURAL TECHNOLOGY

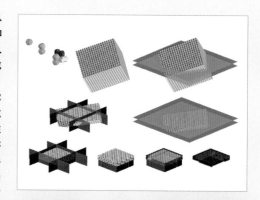

建筑主体结构，设计团队研习了物理学家维埃尔和费兰的理论。他们两个人用蜂窝状结构组成了14或12个面的多面体（底图），以此解决了所谓的开尔文问题。他们将无限个这样的单元集合在一起，在三维空间中旋转，然后将挤压的细胞切成一个平面长宽为584ft、高度为102ft的方盒子（顶图和右图）。第二层的泡泡酒吧间（左图）是水立方中惟一一个可以清晰辨别出维埃尔和费兰的"纯粹"几何学关系的地方

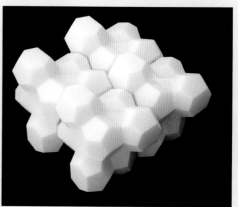

冬天太阳能变得更加稀有珍贵的时候保存热量。从竞标方案起，他们就已经认识到这一点是要始终坚持不变的。

在水立方的建造中，建筑外表皮的诸多设计策略极少有与在最终执行上不同的，但太阳能控制策略就是其中之一。设计团队原本将室内ETFE覆膜设想成可调控的变化表面，易于简便管理以提供遮蔽或是开启的控制，以便迎合太阳光线的照射要求和对水立方多样化空间的眩光控制。但最终，设计者们选择铝箔料器的材料阻滞了10%~95%的可见光。建筑表皮上密度最大的地方就是这个设置所在的位置，它将直射光线保留到最小的需要范围，并将眩光最大限度地转移开。例如，由于广电工业严格的照明控制要求，这个设置可以满足竞赛池上方的房顶只允许透过5%可见日光的要求。

尽管建筑大部分供热需求是通过被动手段满足的——水立方中的一些空间的确需要机械制冷，但这仍然向设计者们发出了挑战。在水池区域的竞标中，"它可以巧妙地使游泳者全身保持温暖和潮湿，使观众感到凉爽而干燥。"卡尔弗雷说。为了满足建筑中各种使用者的不同要求，工程师按照置换通风的原则，通过位于座位下的供给系统，仅仅只为处于座位区域的观众提供凉爽空气。

数字控制

水立方的结构产生于奥雅纳的工程师专为这项工程设计的内部优化软件和复杂而成熟的分析。软件帮助设计师们检验了空间框架在各种负载条件下的情况，并为2.2万根钢管中的每一根决定大小、形状、重量和其他的特性。这些特性被自动地记录在数据库和3D模型中，这些最终都成为了工程文件。

团队成员说，数字化方式应用于水立方建造过程中对数据的查找、分析和记录上，以确定建筑形体的边缘，整个设计已于2004年初完成。"关于被建造出来的建筑有很多话题，但它是这种方式被应用于实践的首批项

摄影: COURTESY PTW (左图): PTW/CHINA STATE CONSTRUCTION ENGINEERING (上图): ILLUSTRATION.ARUP (右下图)

摄影:VECTOR FOILTEC (下两图); DRAWINGS: COURTESY ARUP (上两图);

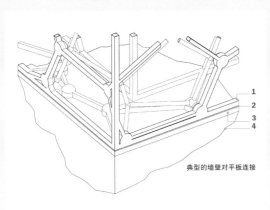

典型的墙壁对平板连接

建筑现场焊接的空间构架由2.2万根相连的球形节点钢管组成（顶图右），奥雅纳公司研发的软件帮助设计者更加优化和定型这些结构部件（右图），与传统2D工程文件一样（上图）。工人们将水立方的结构框架压缩在4000个泡沫状的充气ETFE气枕中，每天安装3万ft²覆膜材料（较远右图）

1.主体空间构架
2.钢板
3.角钢
4.混凝土板

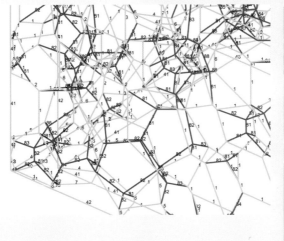

目之一。"原PTW建筑师，现LAVA的负责人博塞在悉尼如是说。

卡尔弗雷提到，由于使用参数化的高度自动化系统，设计团队可以在水立方结构发生主要变化后的不到一周的时间内提交新的工程文件。但速度不是惟一的优势，此系统还确保了工程的精确性。先于结构，设计团队就向承包人提交了3D模型、传统的2D绘图以及相关数据资料。他们并不担心各种媒介之间的潜在冲突（有的甚至导致结构错误），因为"它们总是通过不同的方式传达出相同的结果。"他说。

ETFE气枕的装配主要基于数字化信息。数字文件还控制了铝箔切割设备，与CAD文件在绘图机上的工作原理相似。但是，在装配过程中的这一步还并未完全自动化。的确，数据还需要一些人工操作，尤其是处理建筑外表泡沫形状被打断的地方，例如那些角落里或是开口处。"里面确实是包含了大量的人为因素。"维克多-福伊特克公司(Vector Foiltec)设计和研发部门的主管派克（Edward Peck）说。维克多-福伊特克公司是一家总部设在德国的国际公司，与一家中国幕墙制造商合作，参与ETFE覆膜的设计、制造和安装工作。

ETFE覆膜幕墙气枕大部分由三层0.008in（约0.2mm）厚的薄膜组成。位置由疾风负载决定，尤其是在角落里，有2~3个之多。由于没有选择加厚覆膜的方式，这些额外的薄膜形成了"负载分配"——它们帮助建筑表皮抵挡额外的压力和那些外露开口带来的吸力，维克多-福伊特克公司的任事股东勒耐特（Stefan Lehnert）解释说。如果厚度大于0.01in（约0.2mm），材料就会变得脆弱而易碎。

为了形成圆形的气枕表面，维克多-福伊特克公司的工程人员把5ft（1.5m）宽的ETFE切片切割成类似香蕉皮断面的形状，然后把这些片组成更大的切片，有的经过热焊接处理达到了30ft（9.1m）宽。尽管气枕的类型种类在墙体中只有15种，在屋顶中只有7种，但是4000个气枕衬垫，每个样子都是独一无二的，没有一个气枕的方向是相同的。尽管如

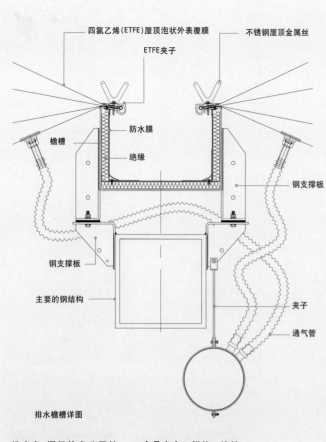

四氯乙烯(ETFE)屋顶泡状外表覆膜　　不锈钢屋顶金属丝

ETFE夹子

防水膜

檐槽

绝缘

钢支撑板

钢支撑板

主要的钢结构

夹子

通气管

排水檐槽详图

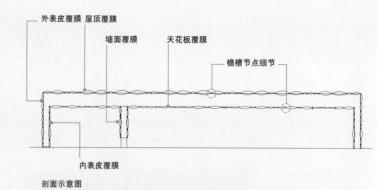

外表皮覆膜　屋顶覆膜

墙面覆膜　天花板覆膜

檐槽节点细节

内表皮覆膜

剖面示意图

雨水的冲刷可以洗掉ETFE覆膜上的尘土，但是由于北京的建筑尘埃和其他微粒，水立方仍然需要人工清洗（左图）

维克多-福伊特克公司技术人员从5ft宽的ETFE覆膜材料上切割出了气枕薄膜。因为设计者详细说明了在特定条件下气枕上可见的（底图右）接缝要被一个个气枕连接起来，所以4000个泡泡中几乎没有一个是完全一样的。连接ETFE气枕和水立方结构框架的细部是由它们所处的位置决定的（上图和顶图右）

此，设计团队仍然要求从一个气枕到另一个、从屋顶到地面，每个热焊接的接缝都是连续的，所以最终结果是没有两个衬垫是相似的，勒耐特解释道。

在装配完金属片以后，工人把垫子运送到工地上，并把ETFE覆层置于铝模以使得气枕安全地固定在空间结构中。然后他们用18个永久安装于建筑中的通风设备把气枕膨胀起来。因为气枕会逐渐漏气，建筑的管理系统会一直监控气枕，并在气压低于一定的水平时控制通风设备冲入经过过滤和除湿后的空气。

收集和储存

该建筑最为创新的特征在于其水处理系统。不同于其他游泳池把滤池反冲洗废水送入市政污水系统，水立方收集中水后处理并回收利用它。这个系统替代了屋顶雨水收集系统，在处理过程中只有少量的中水流失。该策略减轻了建筑对北京污水设施的负担，并且能不依赖于北京

日益缩减的淡水供应。"这样做能尽可能使水立方自给自足。"卡尔弗雷说。

对参观者来说，中水回收系统和雨水收集系统是可见的，但泡沫结构表皮（和奥林匹克竞赛）是最为抢眼的，特别是在晚上，在整合入气枕构架的LED映射下，蓝色的盒子熠熠生辉。白天，因为天气和太阳照射角度的不同，建筑时而柔软顽皮，时而冷酷坚硬。建筑的变形能力始终和设计团队的目标完美一致："水无定形，"如王敏所说，"它时而静止，时而反射天空，时而波浪起伏。"